JN300822

遊漁問題を問う

日本水産学会水産増殖懇話会 編

恒星社厚生閣

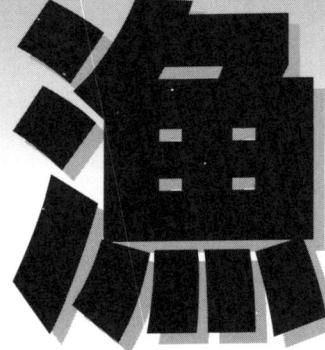

まえがき

　内水面における漁業権は共同漁業権第5種共同漁業として位置づけられ，漁業権取得のためには対象となる湖沼，河川が水産動植物の増殖に適した環境であることが必須であり，免許を受けた漁業協同組合に対して増殖義務が付せられる特徴がある．そのための事業資金調達の手段として，遊漁規則を定めて組合員以外の採捕者から遊漁料を徴収することが認められている．したがって，免許取得組合は釣り場環境を整備し，遊漁者のニーズにあった魚種の放流を推進，多くの遊漁者を集めようと努力しているが，ややもすると，遊漁料収入を増加させるのみの増殖事業となり，漁業権の本来の理念とは乖離した方向に進む傾向も認められる．

　一方，余暇時間の過ごし方の多様化に伴い，遊漁においても従来と異なった価値観が生じ，遊漁業界とも言うべき産業の進展，そのことが新たな釣り場の拡大と環境の破壊，外来魚の不法放流などに結びつく側面が生じた．

　湖沼・河川を魚類資源の生息場所として，また観光資源として継続的に保全・活用するためには遊漁を含めた内水面域の運用・管理計画の策定が必要であろう．

　日本水産学会水産増殖懇話会では内水面漁業の活性化と密接不可分の関係にある遊漁が抱えている問題について，学界から業界にわたり幅広い議論を行い，共通認識をもつ必要性を感じて，平成14年10月5日に日本大学生物資源科学学部において講演会を実施した．内容として，はじめに内水面と遊漁として学界と業界から，次に遊漁者と漁協ならびに釣具業界から，そして遊漁と資源管理から，それぞれの立場で現状と課題の紹介があり，その後総合討論を行い，問題点と今後の方向性について議論を深めた．

開会の挨拶	廣瀬一美（日大生物資源）

1．内水面と遊漁

1）中禅寺湖における遊漁の現状と課題	吉原喜好（日大生物資源）
2）遊漁のための種苗供給における実状と課題 　　 ―マス類・アユ	林　総一郎（福島県林養魚場）

2．遊漁者，漁協の立場から

3）渓流域におけるマス類の自主放流について	佐々木一男 ((社)全日本釣り団体協議会)
4）釣具業界の実状と課題	葦名　修（マルキュー（株））
5）漁協の立場から－手賀沼を中心として－	深山正巳（手賀沼漁協）

3．内水面における遊漁と資源管理

6）霞ヶ浦・北浦における遊漁と環境問題	浜田篤信（元茨城内水面水試）
7）芦ノ湖における水産資源の持続的管理	橘川宗彦（芦ノ湖漁協）
8）内水面における遊漁の諸問題	丸山　隆（東京海洋大）

総合討論

閉会の挨拶	竹内俊郎（東京海洋大）

　本書はこれらのテーマについて取り纏めたものである．なお，講演会の実施から約 2 年が経過しているが，内容的には読者に十分満足して頂けるものと思っている．

　終わりに，本書の刊行に当たりご助力を頂いた恒星社厚生閣スタッフ一同に厚くお礼申し上げる．

　　　　2005 年 2 月 1 日

　　　　　　　　　　　　　　　　　　　日本水産学会水産増殖懇話会

遊漁問題を問う　目次

まえがき .... 日本水産学会水産増殖懇話会

1. 遊漁の現状──ケーススタディ・中禅寺湖 1
　　　　　　　　　　　　　　　　　　　　　　　　吉原喜好
　1.1　放流の歴史 4
　1.2　遊漁者数の変遷 5
　1.3　遊漁者の実体 6
　1.4　組合経営に占める遊漁の役割 10
　1.5　観光地産業としての遊漁の位置づけ 13
　1.6　まとめに代えて－遊漁事業への取り組みと課題－ 16

2. 遊漁のための種苗供給における実状と課題 19
　　　　　　　　　　　　　　　　　　　　　　　　林　総一郎
　2.1　問題が山積する国内サケ・マス養殖業 20
　2.2　養殖サケ・マスの大規模生産とグローバル化 21
　2.3　ルアーフライブームと管理釣り場の台頭 24
　2.4　食用から遊漁へ ── 変化の迫られる養マス業 28

3. 遊漁者による魚類の自主放流の実状
　　──ヤマメ発眼卵埋設放流── 33
　　　　　　　　　　　　　　　　　　　　　　　　佐々木一男
　3.1　日本の遊漁 33
　3.2　釣り人の組織について 34
　3.3　渓流釣り遊漁者の自主放流について 35

3.4　ヤマメ（アマゴ）発眼卵 ……………………………… *37*
　3.5　発眼卵放流の実際 ………………………………………… *39*
　3.6　発眼卵の入手・保管（輸送） ………………………… *43*
　3.7　埋設放流に必要なもの ………………………………… *44*
　3.8　東京都下の渓流での放流活動 ……………………… *48*
　3.9　放流の是非について …………………………………… *49*

4. 釣具業界の実状と課題 …………………………………… *51*
葦名　修
　14.1　釣具業界の実情 ………………………………………… *52*
　4.2　海外釣り事情 …………………………………………… *54*
　4.3　日本の釣り業界の諸活動 ……………………………… *70*
　4.4　内水面利用者は共存共栄 ……………………………… *76*
　4.5　外来魚，外来種と水辺環境について …………… *77*
　4.6　教育と釣り ……………………………………………… *82*

5. 手賀沼漁業協同組合の遊漁について ……………… *85*
深山正巳
　5.1　手賀沼の歴史 …………………………………………… *86*
　5.2　水質汚染の経緯 ………………………………………… *87*
　5.3　手賀沼の漁業 …………………………………………… *89*
　5.4　遊漁について …………………………………………… *90*

6. 遊漁と環境——ケーススタディ　霞ヶ浦 ……… *93*
浜田篤信
　6.1　霞ヶ浦の釣り今昔 ……………………………………… *94*
　6.2　釣り動向を左右する要因 ……………………………… *101*

6.3　遊漁対策としての生態系保全 ……………………… *104*

7. 水産資源の持続的管理
　　——ケーススタディ・芦ノ湖 …………………… *109*
　　　　　　　　　　　　　　　　橘川宗彦

　　7.1　芦ノ湖の概要 ………………………………………… *109*
　　7.2　魚類の増殖と遊漁の歴史 …………………………… *111*
　　7.3　近年における漁業権対象魚種の資源管理 ………… *118*
　　7.4　今後の課題について ………………………………… *130*

8. 内水面における遊漁の諸問題 ……………………… *133*
　　　　　　　　　　　　　　　　丸山　隆

　　8.1　流域の人々との交流で学んだ自然観 ……………… *133*
　　8.2　江戸期に育まれた自然の利用・管理法
　　　　　—— 自然との共存 ………………………………… *135*
　　8.3　力づくでの自然資源開発 —— 明治以降 ………… *138*
　　8.4　進んだ川と湖沼の釣堀化 …………………………… *141*
　　8.5　内水面漁業が直面する難問 ………………………… *143*
　　8.6　新しい遊漁理念を求めて …………………………… *146*

参考資料 ………………………………………………………… *149*

遊漁の現状 ── ケーススタディ・中禅寺湖

吉原 喜好

（日本大学生物資源科学部）

中尊寺湖におけるヒメマストローリング（ヒメトロ）の風景

　中禅寺湖における遊漁はヒメマスを主として展開しており，釣魚資源維持のため中禅寺湖漁業協同組合（以下組合）は多大な努力を続けている．そしてその事業経費は遊漁料収入に頼るところが大きい．すなわち収入の増加を図るためにも遊漁者の期待を裏切らないような快適な釣り場環境を提供し，料金に見合った成果をあげさせ，満足感を味わって再訪の気持ちを抱かせるような，言

表1.1 過去32年間の組合による放流実績

年	サケ・マス類									
	ヒメマス		ホンマス		ニジマス		ブラウントラウト		スチールヘッド	
	稚魚	成魚	稚魚	成魚	稚魚	成魚	稚魚	成魚	稚魚	成魚
1970	298.7	0.6	123.0							
1971	401.2		114.0							
1972	110.2		11.9			0.2				
1973	352.7		71.0							
1974	579.0		19.0			1.0				
1975	IHN症発生のため殺処分				100.0					
1976	310.9		117.4		100.0	120.0	55.0			
1977	968.4		350.8		32.2	5.1	35.0			
1978	540.2		203.3		42.7	2.0	29.0			
1979	1239.1		136.2		78.2	11.7	42.0			
1980	1458.2		151.6		155.8	1.4	28.8			
1981	1350.0		146.3		100.0	20.7	42.0			
1982	1222.7		88.4		200.0	8.0	61.4			
1983	2740.0		91.3		169.8	12.6	28.6			
1984	3550.8		32.2		306.1	37.7				
1985	733.3		17.6		136.8	18.8				
1986	995.3		46.0		18.6	15.8	8.7		18.6	
1987	355.0		201.0		124.0	2.8	21.0		12.0	
1988	1109.5		106.4		77.0	18.2	14.2		6.7	
1989	1007.6		165.8		105.5	0.1			20.5	
1990	1565.0		100.0		100.0	10.3	18.7		19.4	
1991	1500.3		36.2		62.5	1.0	11.4		15.0	
1992	1202.5		101.5		105.4	6.3	32.3		2.7	
1993	383.0		146.3		201.0	10.6	69.7		23.0	
1994	1064.3	2.0	134.0		310.0	18.8	45.9		16.0	
1995	463.0		48.5		176.2	21.6	85.7		51.4	
1996	445.7	4.4	208.4		187.8	41.5	85.7	0.4	10.7	1.8
1997	706.3		107		189.6	16	86.8		82.0	
1998	891.2		154.6		127.5	20.9	139.4		34.2	
1999	1027.0				75.1	3.2	36.7		60.2	
2000	1118.7		182.2		10.5	9.7	141.0			1.8
2001	284.7	16.7	61.4		218.8	7.3	10.8		13.8	1.1

年によって変動はあるもののヒメマス以外のサケ・マス類の放流数が増加傾向にある．

（養殖研放流分は含まず）　　　　　　　　　　　　　　　　　　　　　　単位：千尾

				その他の魚類				
サクラマス	カワマス	ヤマメ	イワナ	コイ	フナ	ウグイ	ウナギ	その他
3.5								
				9.0				
				2.5				
				10.0				
				10.0		5.8		
				6.6		10.7	23.0	
				10.0				
				8.0				
				8.6		2.5		
				9.0		3.2		
				9.1		3.2		
				6.0		2.5	5.3	
				15.0		22.5	10.0	
	13.1			12.6		3.6	12.5	
		47.3				3.3		
	3.6			2.6		1.4		
22.3	1.0					500.0		6.3
						1500.0		
				11.6		36.0		
						38.0	0.5	
						26.0		
				2.5				
			0.3				1.2	
							1.6	
							1.5	

うなれば大いなる企業努力を行っているわけである．

ここでは総会資料など既往の資料をもとに遊漁の現状と組合が遊漁に取り組んでいる姿勢について紹介する．

1.1 放流の歴史

中禅寺湖は男体山の噴火によって大谷川が堰き止められて出現した湖で，流入河川はあるが，流出は落差 100 m の華厳の滝を経て大谷川に注ぐ 1 本のみで，下流からの魚類の溯上は華厳の滝によって阻まれ，また周辺地域は仏道の霊地として「女人禁制」が厳しく守られ，殺生が全く禁止されていたために，魚類の移植や人工繁殖も行われておらず，魚類の全く生息していない湖として長い歴史を刻んできた．

しかし，明治になり，「女人禁制」が解除されたことにより魚類の放流も許され，1973 年に日光住人の星野定五郎氏がイワナ 2,500 尾を放流したことから中禅寺湖における遊漁の歴史が始まったと言える．その後，1974 年には時の二荒山神社宮司であった柿沼広身氏らによってコイ 2 万尾，フナ 2,000 尾，ウナギ 150 尾，ドジョウ 500 尾がそれぞれ放流され，更に1882 年にはアメノウオ（ビワマス）が琵琶湖から，1987 年にはニジマスがカリフォルニアから，1902 年にはカワマスがコロラドから移植された．

現在，中禅寺湖遊漁の主対象魚であるヒメマスは 1906 年に支笏湖から 35 万尾が移植されたことが本湖におけるヒメマスとの付き合いの始まりであった．中禅寺湖も帝室林野局，営林署，水産庁とその所轄部局が幾度となく変わったが，放流事業は連綿と続けられ，1982 年までに 25 種の魚類が放流されている[1,2]．

1963 年に新しい制度のもとに設立された中禅寺湖漁業協同組合によってヒメマスを主体とする放流事業が引き継がれ，1964 年には 50 万尾を放流し，表

1.1 に示すように 1979 年から 1982 年までは 100 万〜140 万尾, 1983 年には 270 万尾, 1984 年には 355 万尾を放流している. その後放流尾数は減少したが, 1988年以降は年によって変動はあるものの, 100 万〜150 万尾を目標に種苗生産を行っている.

1.2 遊漁者数の変遷

1873 年に初めて魚類が放流されてから事業主体は変わっても放流事業は継続され, その間地元の兼業漁家が自家消費あるいは中禅寺湖畔に点在する宿泊施設や外国公館住人の食卓に上げる程度の漁獲行為を行っていたであろうが, 1963 年の新漁業協同組合設立から 4 年後の 1967 年に初めて遊漁水域として湖の約半分の水域が一般に開放された. 中禅寺湖で釣りを行った人数を正確には把握できないが, 遊漁券販売枚数から推測することが出来る. 1967 年には 1,309 名の釣り客であったが, 図 1.1 に示すようにその数は年々増加し, 1972

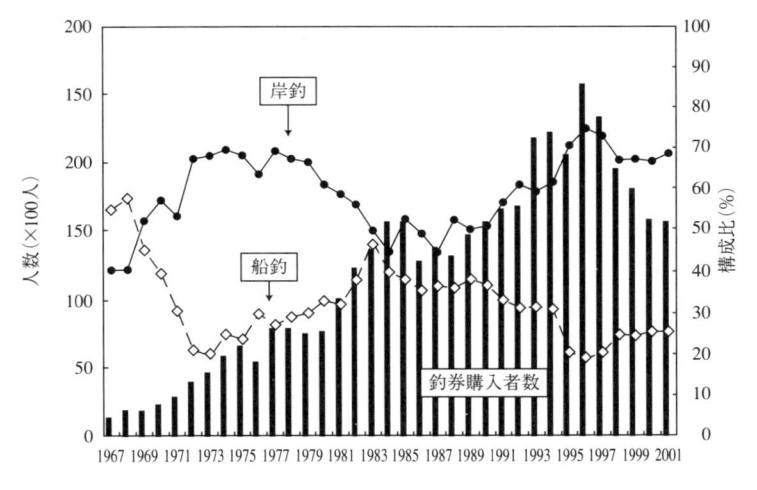

図 1.1　遊漁券購入者の年変化

年には 5,000 人，1979 年には 1 万人，1982 年には 1 万 5,000 人を超え，1993 年からは年間 2 万人以上の遊漁者が訪れるようになった．釣り客が増加すれば当然遊漁料収入も増加し，活気ある釣り場として将来とも繁栄するものと思われていた．しかし，最近では世相を反映して釣り客は減少傾向にあり，2001 年には 20 年前の水準にまで減少している．

1.3 遊漁者の実体

中禅寺湖で遊漁者が行う釣り方は「ヒメトロ」と呼ばれる船を出しての一種の曳き釣り（船釣り）と岸からルアーやフライなどで釣る岸釣りに分けられ，表 1.2 に示したように何回か料金が改訂され今日に至っているが，一貫して船釣りのほうが岸釣りより約 3 倍ほど高く設定されている．

図 1.1 の船釣りと岸釣りの割合をみると，遊漁が開始されてから数年間は船釣りが岸釣りを上回っていたが，その後は終始岸釣りが多く，特にこの十数年は両者の差は開くばかりである．

1997 年と 1998 年に行ったアンケート調査から，中禅寺湖に来訪する遊漁者の年齢層（表 1.3）と釣り経験年数（表 1.4）とを示したが，子供たちが家族でキャンプにきてそこで釣りをしたという場合を除いて 20 歳から 60 歳と幅広く[3]，また，釣り経験年数も 20 年以上が全体の半数以上を占めていた．また，図 1.2 に示したように岸釣りをやった人の平均年齢が 32.5 歳であるのに対して船釣りでは平均 45.7 歳と岸釣りの方が 10 歳以上若かった．これは岸釣り料金より船釣りのほうが高いという経済的な理由もあるが，むしろ若年層に人気の高いルアーやフライなど，釣り上げ尾数を競うよりも魚とのやりとりを楽しむ釣り方が増えてきた，すなわち釣り方の多様化が進んでいるものとみなせる（吉原，未発表）．

表1.2　遊漁料金の変遷　　通常総会資料

年	1日券 陸釣り			1日券 船釣り			回数券 岸釣り	回数券 船釣り	備考
1967	500			700			8,000		
1968	500			700			8,000		
1969	500			700			8,000		
1970	500			800			8,000		
1971	500			800			8,000		特別解禁実施
1972	500			1,000			8,000		
1973	500			1,000			10,000		
1974	700			1,500			10,000		
1975	700			1,500			10,000		
1976	1,000			2,000			20,000		
1977	1,000			2,000			20,000		
1978	1,000			2,500			25,000		
1979	1,000			2,500			25,000		
	5月中	6月以降		5月中	6月以降				
1980	1,500	1,000		3,000	2,500		10,000	25,000	
1981	1,500	1,000		3,000	2,500		10,000	25,000	
1982	1,500	1,000		3,000	2,500		10,000	30,000	
1983	1,500	1,000		3,000	2,500		10,000	30,000	
	解禁～5月	6月以降		解禁～5月	6月以降				
1984	1,500	1,000		3,500	3,000		10,000	30,000	特別解禁をやめ4月20日から解禁
1985	1,500	1,000		3,500	3,000		10,000	30,000	
1986	1,500	1,000		3,500	3,000		10,000	30,000	
1987	1,500	1,000		3,500	3,000		10,000	30,000	
1988	1,500	1,000		3,500	3,000		10,000	30,000	
	4月21日	翌日～5月	6月以降	4月21日	翌日～5月	6月以降			
1989	2,000	1,500	1,000	5,000	3,500	3,000	10,000	30,000	
1990	2,100	1,550	1,050	5,200	3,600	3,100	10,300	31,000	4月21日から解禁し,解禁日のみ特別料金
1991	2,100	1,550	1,050	5,200	3,600	3,100	10,300	31,000	
1992	2,100	1,550	1,050	5,200	3,600	3,100	10,300	31,000	
1993	2,100	1,550	1,050	5,200	3,600	3,100	10,300	31,000	
1994	2,100	1,550	1,050	5,200	3,600	3,100	10,300	31,000	
1995	2,100	1,550	1,050	5,200	3,600	3,100	10,300	31,000	
1996	2,100	1,550	1,050	5,200	3,600	3,100	10,300	31,000	

1976年以前の記録が無かったため，売り上げ金と購入人数から推定
1990年から消費税を上乗せ
上記釣り形態の他，子供券，雑魚券，特別解禁，釣り大会，禁漁区開放料金など細かく料金体系が決められている．回数券は6月1日以降

表1.3 遊漁者の年齢構成

年齢階級	回答者数 1997	回答者数 1998	割合（%） 1997	割合（%） 1998
未記載	10	6	8.85	6.52
>10	1		0.88	0.00
10 ~	7		6.19	0.00
15 ~	1		0.00	1.09
20 ~	3		2.65	0.00
25 ~	9	11	7.96	11.96
30 ~	9	13	7.96	14.13
35 ~	13	13	11.50	14.13
40 ~	13	14	11.50	15.22
45 ~	23	12	20.35	13.04
50 ~	10	14	8.85	15.22
55 ~	14	5	12.39	5.43
60 ~	3		0.00	3.26
65 ~			0.00	0.00
70 ~			0.00	0.00
75 ~	1		0.88	0.00
	113	92	100.00	100.00

表1.4 遊漁者の釣り経験年数

年齢階級	回答者数 1997	回答者数 1998	割合（%） 1997	割合（%） 1998
>1	1	1	0.88	1.09
1 ~	11	5	9.73	5.43
5 ~	7	9	6.19	9.78
10 ~	6	9	5.31	9.78
15 ~	11	7	9.73	7.61
20 ~	19	16	16.81	17.39
25 ~	8	16	7.08	17.39
30 ~	7	8	6.19	8.70
35 ~	4	1	3.54	1.09
40 ~	1	2	0.88	2.17
45 ~	2		1.77	0.00
50 ~	5		4.42	0.00
55 ~			0.00	0.00
	82	74	100.00	100.00

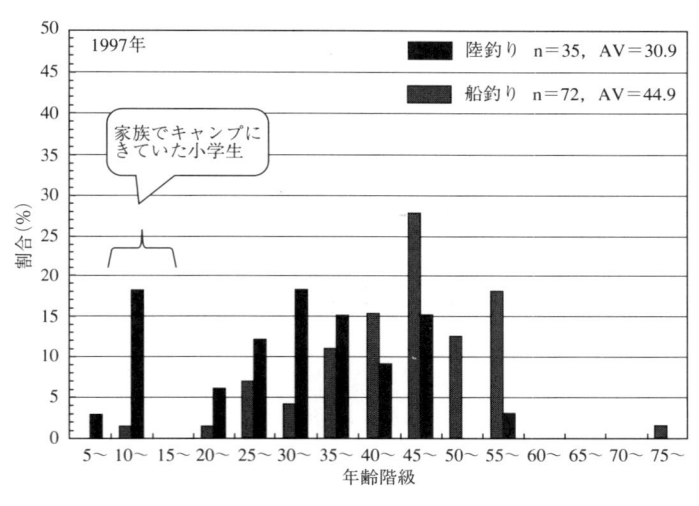

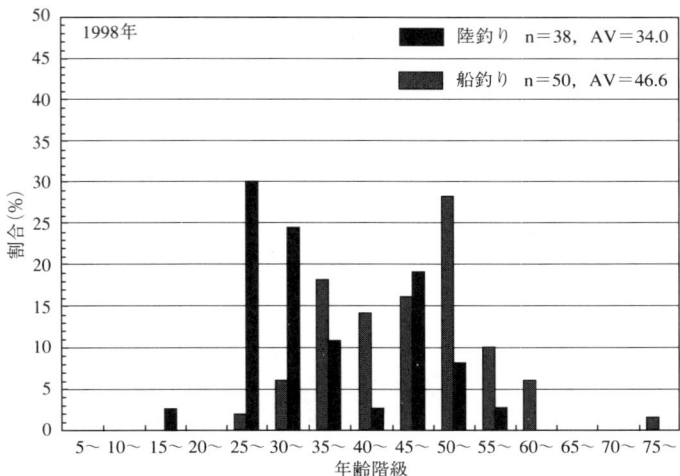

図 1.2　釣り方の相違による遊漁者の年齢階級別割合

1.4 組合経営に占める遊漁の役割

毎年 5 月か 6 月に開催される組合の通常総会において，議事資料として配布される総会資料を見ると前年度の活動状況など組合活動の全容が理解できる．この中の損益計算書に釣り券販売収入が記載されている．釣り券販売収入を遊漁料収入とし，組合の総収入と対比させ図 1.3 に示した．遊漁料収入の組合総収入に占める割合は年によって変動はあるもののおおむね 30〜50％を占めていることがわかる．

1906 年に初めてヒメマスが中禅寺湖に導入されてから約 50 年間は各地から種苗を導入して定着を図っていたが，1960 年ころからは自前の親魚で必要な放流種苗を確保出来るようになり，さらに余剰分を発眼卵や種苗あるいは成魚として他の湖沼へ供給するようになった．組合の収入源は組合費，遊漁料，成魚売上金，種苗供給料，寄付金など多様に分類されているが，魚を取り扱うこ

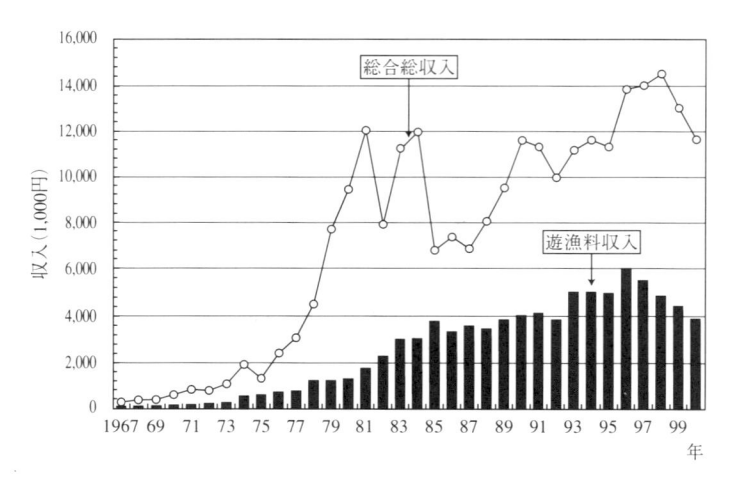

図 1.3 組合の年間総収入と遊漁料収入の年変化

とによる収入すなわち遊漁料，種苗供給料，成魚売上金の3者が総収入に占める割合の年変動を1970年から5年ごとに図1.4に示した．一般開放から間が無い年はこの3者の割合は50％をやや超える程度であったが，その後は60〜80％を占めていた．前述のように遊漁料の占める割合が高いが，最近では種苗供給料が遊漁料に匹敵するほどの割合を占めている．

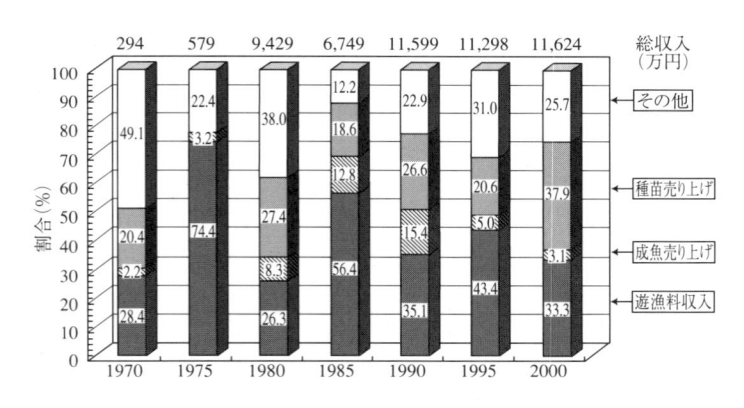

図1.4 組合総収入に占める直接魚を取り扱う科目の収入割合

多くの再訪者を期待する上で，湖の中での釣対象魚類の資源水準を一定に保つ努力を続けなければならないが，そのためには毎年の放流稚魚数をコンスタントに生産できる大型で良質の卵をもつ親魚の大量回帰が望ましい．中禅寺湖のヒメマスは放流後2年経過した秋に成熟して放流場所に回帰してくるとみなされている．そこで毎年の親魚捕獲数と2年前の放流尾数とを対比させて表1.5に示した．放流尾数と2年後の採捕数の間には必ずしも相関があるとは言えない．

放流尾数と2年後の採捕尾数の関係からヒメマスの再生産関係について石島ら[4]，吉原ら[5, 6]が検討しているが，いずれも放流尾数が80万〜100万で2年後の回帰尾数が6,000尾と最大になると述べている．しかし，実際には年々

表 1.5 放流尾数と 2 年後の採捕尾数との関係

年	放流尾数	2 年後の採捕尾数	年	放流尾数	2 年後の採捕尾数
1970	298,700	1,306	1986	995,300	5,223
1971	401,200	3,683	1987	355,000	6,777
1972	110,200	5,948	1988	1,109,500	10,418
1973	352,700	1,012	1989	1,007,600	2,672
1974	579,000	2,680	1990	1,565,000	715
1975	＊	1,899	1991	1,500,300	7,689
1976	310,900	4,605	1992	1,202,500	2,567
1977	968,400	5,548	1993	383,000	1,924
1978	540,200	3,313	1994	1,064,300	1,393
1979	1,239,100	4,739	1995	463,000	3,303
1980	1,458,200	10,914	1996	445,700	4,165
1981	1,350,000	13,376	1997	706,300	3,733
1982	1,222,700	2,935	1998	891,200	1,429
1983	2,740,000	3,076	1999	1,027,000	926
1984	3,550,800	1,204	2000	1,118,700	
1985	733,300	5,608	2001	284,700	

＊ IHN症発生のため殺処分

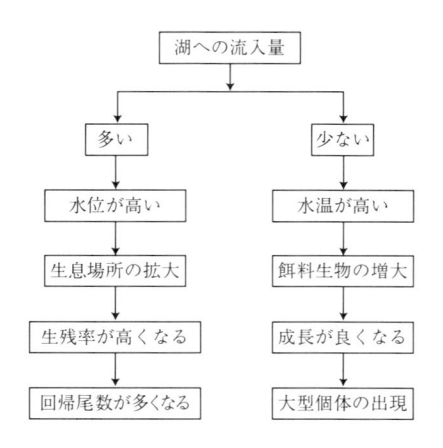

図 1.5 湖の水位がヒメマスの回帰時の体型におよぼす影響（吉原　2000）

の回帰尾数にかなりのばらつきが認められる．また，吉原ら[3] は回帰親魚の体長組成から，体長組成のモードを示す体長階級が 5〜6 年周期で大型化する傾向があり，これは放流した年の湖への流入量に関係し，流入量が少ない年に放流されたヒメマスは大型化して回帰する可能性があると示唆している（図 1.5）．

このように，回帰量の年変動が大きく，しかも環境条件によって体型

が異なるような資源を対象とする場合，湖の中の資源水準を一定に保つに必要な産卵親魚の安定的な回帰量確保を図ることが難しい中で，遊漁者のニーズに答えるよう組合は努力している訳である．

1.5　観光地産業としての遊漁の位置づけ

中禅寺湖を含む日光地方は782年に勝道上人が男体山を神とする山岳信仰を開いて以来，信仰の聖地として，さらに徳川家康が日光東照宮に祀られるようになってから現在まで長く隆盛を誇ってきた（田中，1986）．また，1934年に国立公園に指定されてからは首都圏からの交通の便もよく，優れた景観をもつことから景勝地として親しまれてきた．

中禅寺湖は日光国立公園の中央に位置し，多くの観光客が訪れる場所である．資料はやや古いが，日光市観光商工課がまとめた観光統計表によると1996年の1年間で日光地方に宿泊した人数は148.5万人で，そのうち中禅寺湖周辺の宿泊施設の泊まった人数は20％にあたる29.8万人であった．

このように多くの人達が来訪する景勝地の中の中禅寺湖における遊漁の位置づけとして，組合は営林署から水産庁への所轄変更の要望書の中で，「奥日光国立公園における観光事業の一環としての釣魚施設……」と述べ，以下毎年の総会資料でその時々の世相を反映して文言に相違はあるものの必ず遊漁は観光事業の一環，地域の発展に寄与すると謳っている．

上記に関連した事柄を総会資料の中から年代順に抜書きしてみる．

1972年　遊漁は余暇利用の生活化と公害を逃れ，自然環境に親しむ国民的志向……．

1973年　中禅寺湖を中心とする同一水系の総合的漁業経営を通じて，地域の発展に寄与する．

1977年　奥日光水域の特性を生かした増殖・漁業・観光漁場としての遊漁者

のニーズに答える．

1978 年　無病，健康な種卵・種苗の生産と放流，清潔で安全快適な釣り場の経営……．

1982 年　遊漁料は増殖と漁場経営のための最大の資金源であり，国立公園の中心をなす当湖にとっては今後とも遊漁者に好ましい快適な漁場の提供……，漁場の有効利用を通じての地域の発展に寄与し……，遊漁はアウトドアースポーツの多様化発達の一つ……．
中禅寺湖は天然漁の釣り場……．

1993 年　岸釣り遊漁者の増加に対応して，ヒメマスの生育に影響の無い範囲で対象魚の放流，釣り場の改善を目指す．
（岸釣り対策は以後全ての資料に盛り込まれている）

1999 年　岸釣りを対象にニジマスなどの魅力ある魚を飼育し，ヒメマスとのバランスを考慮しながら放流……．

2000 年　遊漁料の減収要因として，車輌乗り入れ規制，船釣り隻数制限を挙げ，さらに岸釣りは湖畔の駐車スペースの確保の困難，デジタル情報機器の普及による情報収集，日帰り客の増加……．
ニジマス，ブラウンマスなどの魅力ある魚を飼育し，岸釣りを対象にし……．

2001 年　遊漁船の大幅な減船を強いられ，船釣りによる増収が見込めない．増収対策として岸釣り遊漁者への魅力ある対象魚を放流し，ヒメマスとのバランスを考慮しながらよりよい漁場……．

このように，中禅寺湖の遊漁事業は観光地における観光産業の一環と捉えて，振興対策をとっていることがわかる．このことは吉原ら[5]の奥日光観光地におけるヒメマスを主体とした遊漁の位置づけを示した図に符合するものであるが，この図を画いた 5 年前とは事情が多少異なってきている．奥日光に限らず日光市の観光地を訪れた人は 1990 年で 810 万人，1996 年で 679 万人であっ

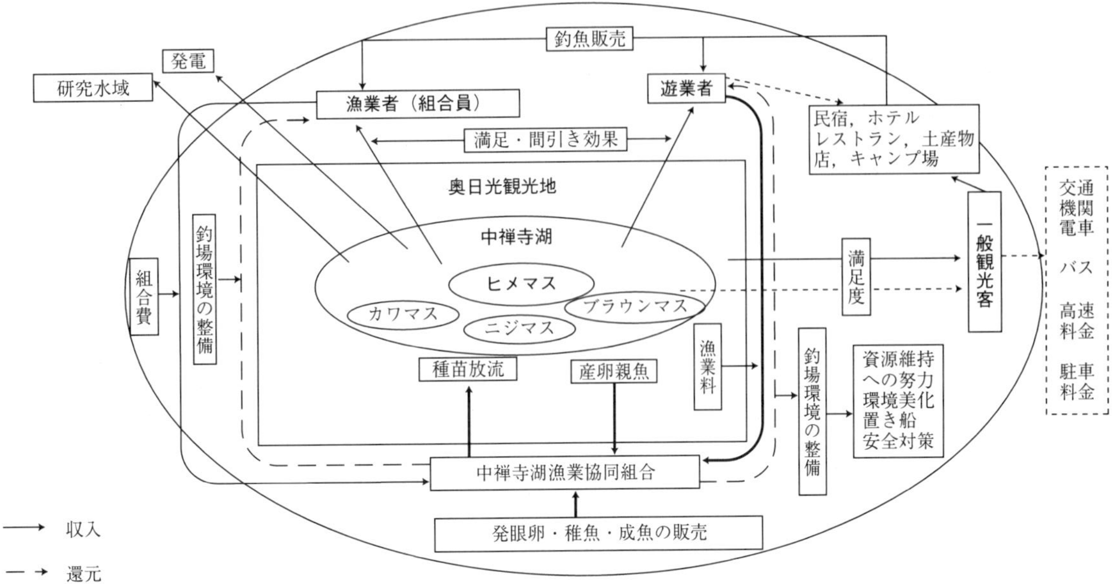

図1.6 奥日光観光地におけるヒメマスを中心とした遊漁の位置づけ（吉原 (1998) を一部改変）
矢印：金品，精神性の移動を示す．線の太さは対応的な強さ．
矢印：金品，精神性の移動を示す．線の太さは相対的な強さ．

⟶ 収入
--→ 還元

1. 遊漁の現状 —— ケーススタディ・中禅寺湖　　　　15

たが，その80％以上がマイカーでの来訪であった．また，アンケート調査に回答してくれた遊漁者はほぼ100％が車で，しかも日帰りの釣行であった．したがって，遊漁者が増えても交通機関，宿泊施設，土産物店などへの金品の流入がそれほど期待できなくなっているのが現状であろう．しかも，周辺環境の保全あるいは事故防止の観点から不法駐車の取り締まり強化，車輌乗り入れ制限，湖の環境を守るため，さらには係船施設の不足などからプレジャーボートの持込制限など遊漁を取りまく環境は必ずしも良好とは言えないため，吉原ら[5]が示した位置づけの図を一部改変して改めて図1.6に示した．

1.6　まとめに代えて－遊漁事業への取り組みと課題－

　中禅寺湖における遊漁という点だけに絞って考えると，組合が認識している問題点と巻末の参考資料に掲げたアンケート調査における回答者の釣りに対する自論から読み取れる遊漁者が要望している点といくつかの共通点が見出される．

　組合の最大の関心事をあげると①遊漁者数の減少であろう．組合収入のかなりの部分を遊漁料収入が占めていることから，早急な対策を講じる必要があるが，景気低迷時期には家計から娯楽・遊興費は真っ先に削減される運命にあり，組合の企業努力だけでは如何ともし難い部分がある．②車輌乗り入れ規制も遊漁者数減少の原因の一つとして，あげている．中禅寺湖の遊漁者の大部分が半径150 kmの範囲に居住し，自家用車でしかも日帰り釣行である．中禅寺湖へは高速道路あるいは自動車専用道路が整備されており，日帰りでも十分釣りを楽しむことができる．一方，周辺環境の保全，事故防止のための規制も時勢の波として，今後どのように折り合いをつけるかが課題と思われる．③釣り方の多様化への対応も重要な課題であろう．船釣りは主としてヒメマスを対象としており，ある程度まとまった釣果を期待しているのに対し，岸釣りは釣果をあ

げるよりもむしろ魚とのファイトを楽しむ釣り方と言えよう．上述のように，岸釣り人口の増加は当然対象とする魚種がいつも湖に生息していることを前提としてのことであろうから組合もその対策を講じている．すなわち，「総会資料にもヒメマスの成育に影響の無い範囲で……」，「ヒメマスとのバランスを考慮しながら放流……」，「ニジマス，ブラウンマスなどの魅力ある魚を飼育し，岸釣りを対象……」などが盛り込まれている．

中禅寺湖は本来ヒメマスの釣り場として発展してきており，組合もその資源水準の維持に多大な努力を注いでいる中で，岸釣り対象魚のニジマス，ブラウンマスなど魚食性の強い魚種を放流して遊漁者のニーズに答えようとすることは時代の流れとはいえ忸怩たるものがあると推察される．今後さらに湖の中での種間関係についての研究を進めることによって両者の適正放流量の決定がなされることが望ましい．

一方，参考資料（巻末）にあげた遊漁者の自論をみると，アンケート回答者の大部分が船釣り遊漁者ということもあって釣行時にはそこそこの成果をあげたい，特に夏場から禁漁期までの期間で釣果ゼロの時があり，対策を講じて欲しいという要望が強かった．これは飼育中の成魚の逐次放流である程度の解決が出来ると思われるが，一方で稚魚期に放流しているので，釣り対象の大きさに育った時点では天然魚と変わりない体型，そういった魚を釣りたいのであって，明らかに飼育と思われる体型の魚など釣りたくないとの意見も多かった．

また，漁業者あるいは船釣り者と岸釣り者の共存関係，解禁期間の延長，湖の約半分が禁漁区になっているが，その縮小などを訴える声も多かった．

吉原ら[5]は中禅寺湖における遊漁対象種の管理について5つ方策をあげ，漁場保全も含めた総合的な管理技術の確立の必要性を述べている．

中禅寺湖はどちらかと言うと玄人の釣り場，新規加入者が少ないと感じている．もちろん，リピーターは固定客として大事にしなければならないが，ここではさらに次世代の中禅寺湖での釣り愛好家を育てるイベントを積極的に考え

る必要があると思われる．

文　献

1) 田中甲子朗（1967）：淡水区水研資料，Bシリーズ，10，156pp.
2) 奥本直人・鹿間俊夫・織田三郎・丸山為蔵・佐藤達朗・合摩　明・室根克己・山崎　充・赤坂　毅・神山公行，(1989)：養殖研資料，No.6，65pp.
3) 吉原喜好・藤居麗華，(2000)：水産増殖，48 (1)，pp.141-147.
4) 石島久男・加賀豊仁，(1989)：栃木県水試報，10，pp.28-35.
5) 吉原喜好・神山公行，(1998)：水産資源・漁業の管理技術，恒星社厚生閣，pp.106-117.
6) 吉原喜好・北村章二・生田和正・神山公行，(1999)：水産増殖，47 (2)，pp.229-234.
7) 田中　正，(1986)：日光の動植物，栃の葉書房，pp.3-4

―②―
遊漁のための種苗供給における実状と課題

林　総一郎

（株式会社　林養魚場）

管理釣り場で楽しむ子供たち　白河フォレストスプリング

　ニジマスをはじめとした日本の内水面サケ・マス類養殖業は，近年それを取り巻く様々な要因の劣悪化や社会構造の変化などに伴い，その存続すら危ぶまれる厳しい岐路に立たされている．食料生産が一番の命題であったこれまでの養殖業も，今後，存在価値を見いだすために，新たにその方向性を探らなくてはならない重要な転換期にさしかかってきていると感じる．

日本におけるニジマス養殖は，1877年にアメリカ，カリフォルニア州より発眼卵1万粒が寄贈されたことから始まったとされる．その後食料生産の一環として1926年に国の奨励を受けたことにより産業として発達し，戦中戦後とその経営体数は少しずつ増加していった．更に，1951年から始まった冷凍ニジマスの対米輸出を契機に，右肩上がりの成長を遂げ，1971年にニクソン大統領のドルショックが起こるまでの期間はまさにその黄金期を迎えていた．しかし変動為替制に移行したことで採算が合わなくなり，輸出から国内出荷への移行を余儀なくされ，大型量販店などへの出荷に合わせ，100％国内出荷へと移行し現在に至っている（表2.1）．このようにニジマスの養殖魚としての歴史は長く，飼育養殖技術をはじめ，栄養学的な解析や飼料の開発，病気の研究など，養殖技術に関わるあらゆる分野の研究が網羅されている．そのため養殖魚としては数少ない完全累代飼育可能な魚種として，またすでに家畜化された魚種としてもとらえることが出来る．

表2.1　日本におけるニジマス養殖の歩み

明治10年	米国サンフランシスコより発眼卵1万粒が日本へ寄贈
大正15年	水産増殖奨励規則公布
昭和26年	冷凍ニジマスの対米輸出開始
昭和46年	ドルショック
昭和50年代	国内出荷へとすべて移行

2.1　問題が山積する国内サケ・マス養殖業

　しかし，国内販売が主戦場となった現在の養殖ニジマスは，世界でも名高い魚食国家である日本の市場においては，競争魚種も非常に多く，また消費者の目も肥えていることなどから販売面においては，苦戦を強いられているのが現状である．一方，実際の養殖生産現場においても，明るい兆しは一向に見あたらない．人件費や動力費など生産経費は年々上昇の一途であるし，飼育環境も

劣悪化の一途である．それに加えて近年の異常気象により，予測不能な災害の発生や飼育用水の高温化，そして慢性的な不足の問題も頻発してきている．さらに海水温の上昇などにより，魚粉の原料となるイワシやアジなどの漁獲も年々減少傾向にあり，そのうえ魚粉の需要が世界的に急増してきていることなどとあわせ，生産原価に占める飼料の割合も増加傾向にある．無論，もともと小規模の経営体が多い日本の養鱒業者では，抜本的に生産効率を上げるような思い切った設備の投資や増設も難しく，新たな用地の確保などは更に厳しい問題でもある．仮に生産性をあげられたとしても，現状のままでは食材としての内水面養殖魚はこれまで以上に消費者から受け入れられるものとは，正直考えにくい．

2.2 養殖サケ・マスの大規模生産とグローバル化

併せてここ10年間のうちに世界の養殖魚の流通構造は一気に世界規模となった．現在日本には，実に全世界の140ヶ国もの国々からあらゆる魚が輸入されている．また世界規模で水産養殖を見ると，天然漁獲や畜産などと比べても

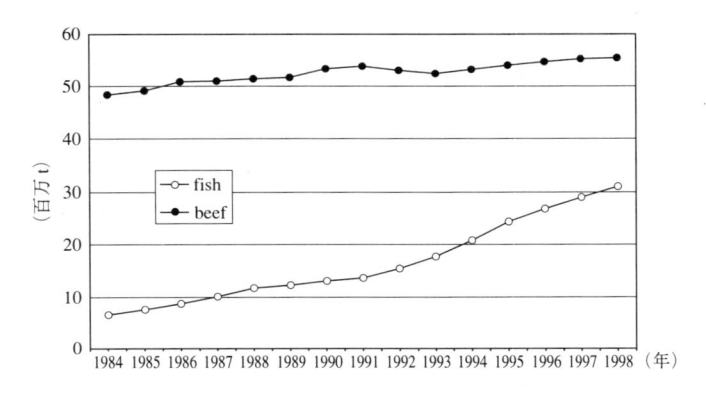

図 2.1　魚類養殖と畜産の世界総生産量の推移

2～3倍もの成長度を示し，今後食料不足の問題をとらえた場合，今後も重要な食料生産手段として，期待されている（図 2.1）．そんな背景にある世界の水産養殖業の中で，現在最も産業としての規模が大きく，最も進んだ養殖技術，流通システムをもち，そして最もシビアな世界市場をもつのはサケ・マス養殖業である．大規模効率化がすすみ，大手資本の参入や合併や吸収による養殖会社の巨大化も進展し，その中心をゆくノルウェー（図 2.2，図 2.3），チリといっ

図 2.2 ノルウェーの大規模サケ生産会社

図 2.3 ノルウェーのサケ加工場内部

た生産大国だけで，全世界の生産量の80％強を生産するに至っている．世界のあらゆる魚市場では，これらの国で生産されたサケ・マスが流通し，これまでサケやマスを食べる習慣がなかった国々ですら，新たな食文化として普及傾向にある．そして現在，広く世界に普及している養殖サケ・マスの価格は，まさに生産大国であるノルウェーやチリの生産原価が基準となり，市場価格が決定されているのである．

　それらの国々からの日本国内への輸入量も1990年代以降急激に増加し，今では専用のチャーター便によって養殖サケ・マスが鮮魚として空輸され，年間3万t強が周年を通して日本の市場へと安定供給されている（図2.4）．これは，日本の海面，内水面を合わせた生産量の実に2倍近くにも当たる．驚異である．現在国内の内水面で養殖され食用として出荷されるニジマスは，ほとんどが俗に言う塩焼きサイズで，直接にこういった輸入サケ・マスと競合する形にはならないが，価格では到底太刀打ち出来ない範囲にあり，このままでは鮮魚売り場の主役の座を奪うのは非常に困難である．無論，販売量を増やすことですら

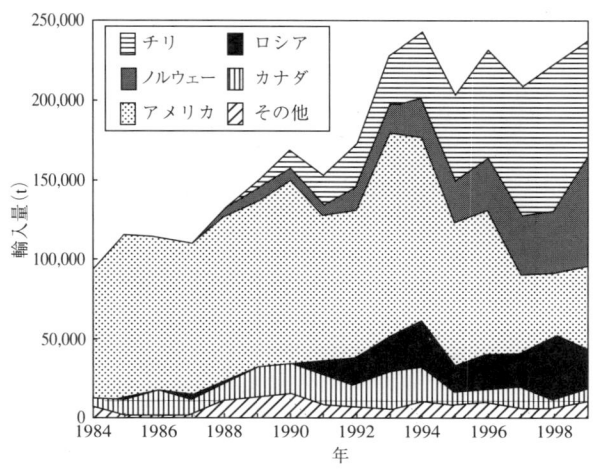

図2.4　サケ・マス輸入量

2. 遊漁のための種苗供給における実状と課題

難しいと感じる．したがって局面は厳しくなる一方で，食用魚としての需要はさらに減退していくものと考えられる．現に採算の面から，これまで食用で市場への出荷を主に養殖をしてきた業者は，減産もしくは廃業に追い込まれるといったケースも多く見受けられるようになってきた．

2.3　ルアーフライブームと管理釣り場の台頭

現在国内でのニジマスの主な出荷先は，食用として市場に出荷される市場出荷，地元の観光地や温泉地，旅館などに直接出荷する地場出荷，そして活魚で釣り場などに出荷する活魚出荷に分類される．生産量は，最盛期（1978年）に年間19,000 t程あったものが，しばらく14,000～16,000 tで推移していたものの1990年代以降年々減少傾向にあり，現在では，10,000 tを切る程に落ち込んでいる（図2.5）．

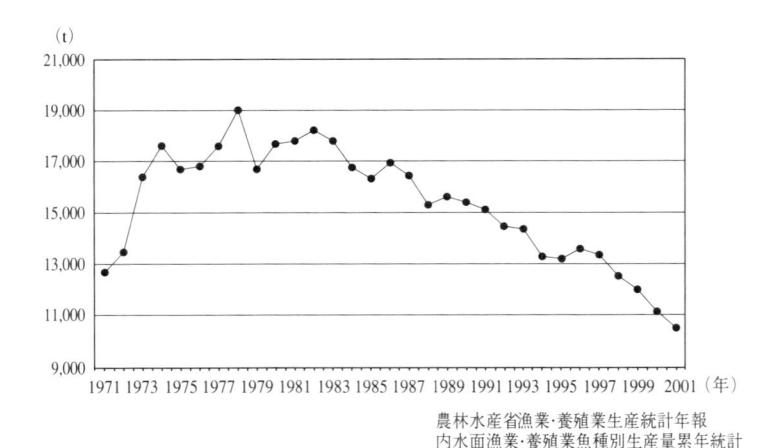

農林水産省漁業・養殖業生産統計年報
内水面漁業・養殖業魚種別生産量累年統計

図2.5　国内ニジマス生産量推移

そこで今後の日本の養鱒業を考えると，養殖業者にとって「遊漁」はかなり重要な領域になってきていると強く感じられる．近年，国民のライフスタイルは変化し，余暇の過ごし方が重要視されるようになった．1980年代後半より1990年代にかけてのアウトドアブームに合わせ，釣りも一つのレジャーとして確固たる地位を築いており，現在日本の釣り人口は1,800万人ともいわれる．また釣りのレジャー化に伴い，スポーツフィッシングとしてルアーフィッシング，フライフィッシングのブームも起こり，新規のルアーフライ専用釣り場建設ラッシュが起こり，またこれまで餌釣りであった観光釣り場がルアーフライの釣り場に転換するもの，養魚場が減産に合わせて，あまった養殖池を釣り池として釣り場をオープンするものなど，全国的にルアーフライの釣り場が軒並み建設されてきた．正確な数は把握出来ないが，現在では全国におよそ320件が営業しているといわれる（図2.6，図2.7）．

図 2.6　管理釣り場で釣りをする親子

こういったルアーフライの釣り場にくる客の中には自然の釣り場では一切釣りをしたことが

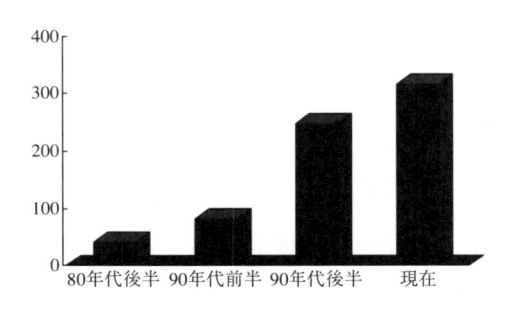

図 2.7　ルアーフライ管理釣り場数の推移

なく，こうした管理釣り場だけを専門に釣りをする人も増え，「エリアフィッシング」「カンツリ」「F.A.」なる新たな釣りのジャンルも確立されている．実に首都圏だけでもエリア人口は15万人とも20万人とも言われている．また1,000億円とも言われるブラックバス用品市場も近年は，害魚駆除などの流れにより下火になってきたことから，トラウトをメインとするエリアフィッシングに移行する傾向も見えはじめ，エリア専用のルアーやロッドも開発され，管理釣り場に特化した月刊誌も多数発刊されてきている．

　管理釣り場というと，ある限った区間エリアに魚を放流，そして管理する釣り場のことであるが，昨今では一口に管理釣り場といっても，多種多様なものが存在し，非常にバラエティーに富んだものとなってきている．

　具体的に釣り場の形態で分類すると，大きく分けて河川型と止水型の2つに分類することができる．河川型は，天然河川の一部区間を限定し，より自然に近い形で魚の管理と入漁者の管理を行う"天然渓流タイプ"．そしてやはり河川の一区間を限定して，魚が逃げないような構造とし，大量に魚を放流し，天然よりはむしろ釣り堀的な感覚の"河川釣り堀タイプ"が存在する．河川型の場合，漁業権の関係から管轄の漁協が運営に関与していることが多く，地元漁協が単独もしくは共同で運営する場合，新たに釣り場運営のために会社を設立する場合，または漁協から委託の形や他の経営体が運営する場合などが見受けられる．

　一方，止水型の場合は，天然の湖や沼，池などに魚を放流しそのまま釣り場とする天然湖タイプ，そして人工的に池を掘り釣り場とする人工池タイプに大別できる．漁業権のからみが少ないことなどから，比較的開設しやすく個人オーナーの経営体が大半を占めている．人工池タイプの場合，釣り場構造としては，新たな用地に池を掘削し，井戸または用水より取水する例や，休耕田やため池などを釣り場に改築する例，またこれまで養殖池として使用していたものを釣り池とする例などがある．

釣り場の運営形態については，より天然に近く本格的な釣りが体験できるものから，初心者から上級者まで遊園地感覚で気軽に釣りが体験できるもの，アットホームな感覚でプライベートな釣り場を演出するもの，純粋に魚を釣ることだけに特化したもの，周りの景観を重視したもの，釣りだけでなく同時にアウトドアや食事，温泉まで楽しめる総合レジャー的なものなど，まさに多種多様である．また釣り場に放流する魚についても，釣り場経営上採算ラインがあることから，限られた放流量のなかでいかに特色をだすかが，運営形態と合わせて釣り場独自のコンセプトに起因する．例えば，魚のサイズを小さめに設定して，釣り人にとにかく沢山の魚を釣ってもらう数釣りタイプ．逆に釣れる数は減るがサイズは大きめに設定し，1尾1尾の魚の価値観を楽しんでもらう大物釣りタイプ，そして多くの種類の魚を釣ってもらう多魚種タイプなどがある．釣った魚に対しても持ち帰れる魚の尾数を制限するところやしないところ，また魚を傷めないように，釣り針に"かえし"がないバーブレスフックの使用を規則とし，キャッチアンドリリースを徹底するところ，逆に一切のリリースを禁止とし，持ち帰らない魚はすべて回収所で回収するところなどもある．一方放流される魚についても，あくまでもニジマスが中心とはなるものの，サケ・マス類ではほとんど放流されていないものはないのではないかと思われる程に，非常に多くの魚種が釣りの対象魚として導入されている．近頃では，夏場の水温上昇時，サケ・マス類の代わりとしてストライプトバスやキャットフィッシュ，ティラピアなどを放流する例もでてきている（表2.2）．

　一時期の管理釣り場が全国的に急増した時期に比べ，いくらか落ち着いた感がある昨今，そして"エリアフィッシング"なる管理釣り場でのルアーフィッシング，フライフィッシングが認知されてきている管理釣り場の状況は，近年更に熟成されてきている．管理釣り場の数が増えたことから釣り人も自分の好みで釣り場を選び，釣り場も独自のコンセプトをもつようになった．一般的に管理釣り場というと，英国の例をあげる場合が多いが，ある意味日本はすで

に世界でも最も進んだルアーフライの管理釣り場の文化を築き上げている感がある．

表 2.2 管理釣り場の分類と放流される魚種

【管理釣り場の分類】
 釣り場の形態
  河川型……天然渓流タイプ，河川釣り堀タイプ
  止水型……ポンドタイプ，レイクタイプ
 運営の形態
  天然型，プライベート型，観光釣り場型，フィッシングパーク型，アウトドア型，お手軽型など
 釣果のコンセプト
  数釣り型，大物釣り型，他魚種釣り型

【放流の種類】
ニジマス（スチールヘッド，ドナルドソントラウト，カムループレインボー，3倍体ニジマス，イワナ，ヤマメ，アマゴ，オショロコマ，ブラウントラウトブルックトラウト，イトウ，銀ザケ，ヒメマス，北極イワナ，カットスロートトラウト，F1（イワナ×ブルックトラウト），タイガートラウト（ブラウン×ブルックトラウト），タイリクスズキ（ホシスズキ），ストライプバス（ストライパー），ブラックバス，バラマンディー，アメリカンキャットフィッシュ，ティラピア，チョウザメなど

2.4 食用から遊漁へ —— 変化の迫られる養マス業

　国内で生産されるマス類の食用としての出荷が低迷していること，そしてこのようにルアーフライの管理釣り場が台頭してきたこと，無論これまでの天然河川放流用，古くからの観光餌釣り堀などの需要もあることから，ざっと見積もっても遊漁用の出荷はすでに食用のための出荷を上回っているとも推測される．弊社も 15 年程前より，食用としての魚市場出荷をやめ活魚出荷へと方向転換し，1996 年には「白河フォレスト－スプリングス」（図 2.8）を 1998 年には「裏磐梯フォレスト－スプリングス」（図 2.9）の 2ヶ所のルアーフライ専用管理釣り場を立ち上げ，釣り場経営と養殖業の 2 本立てでやってきている．

もちろん2つの釣り場は，自社で生産した魚の"直売所"の役割を果たしており，生産した魚の約半分を消費している．残りの半分は活魚での出荷だが，そのほとんどが他の管理釣り場への販売である．一養殖業者としていやが上にも遊漁とは切っても切れない関係にいる訳である．

釣り場を経営し，釣り場への販売をするようになって一番の変化は，これまではいかに生産性をあげるかという効率優先の生産スタイルであったのに対

図 2.8 白河フォレスト・スプリングス

図 2.9 裏磐梯フォレスト・スプリングス

2．遊漁のための種苗供給における実状と課題

し，1尾1尾がより綺麗で自然に近い魚を作れるかに変わったことである．状態があまりよくない魚が，釣り場に出回ると"ぞうきんマス"とも呼ばれかねない．質にこだわらず価格の安い魚ばかりを放流している釣り場は結果として，客から見放され，経営がうまくいかないケースも多々見受けられる．とにかく魚を釣る過程からその釣り場環境までを一体で楽しむといった，ゲームフィッシングの要素が強いため，魚に対する客からの要望は非常に強いものがあるが，大事に育てて放流した魚に対し，これ程までに興味をもち喜んで魚に触れてもらえることは養殖に携わるものとしては大変ありがたく感じる瞬間でもある．釣り客の生の声が聞け，魚を販売する釣り場の経営者からもどのような魚を望んでいるかを聞くことができ，これまで以上に作る側にも意識が芽生え，養殖の現場では一人一人にプライドが生まれたのも事実である．

　天然釣り場と管理釣り場では放流する魚は当然違ってくるであろうが，こういった管理釣り場において，どのような魚が望まれているかをあげると，まず"鰭などにすれが少なく綺麗な体の魚であるということ"，"釣ったときの引きが強いこと"，"環境の変化に強くよく釣れる魚"，そしてもちろん"食べてもおいしい魚"．このあたりが生産していく上での主要な課題となっている．飼育方法や給餌方法，餌の成分なども改めて考え直す必要があるであろうし，魚自体の遺伝的な系統にも着目することも不可欠である．このように，改めて養殖の原点に立ち返り，一から検討し直す機会が生まれたことは，生産の効率化や安全性を高める点でも副次的な効果ももたらしていると思う．何にも増して，よりよい魚を生産しようとする意識が高められたことだけでも大きなプラスである（図2.10）．

　今後，更に普及していくとおもわれる日本のスポーツフィッシング文化に対して，また天然釣り場での釣りが更に厳しいものとなるにつれ，管理釣り場の果たすべき役割は，ますます大きくなっていく．釣り場としても，さまざまな魚種を釣り場に放流する際は，流域の生態系に及ぼす影響もよく考慮すべきで

あるし，周辺環境にも留意した釣り場の管理というものに万全を期すべきであろう．さらには，スポーツフィッシングの入門，普及の場としてはもちろんのこと，釣りのマナーを学ぶ場として，または昔はどこにでもあったような里川や野池のような，気軽で身近に自然や生物と接することができる自然生物学習の場，親子のコミュニケーションをはかる場としても，その存在意義を見いだしていくべきであろう．

図 2.10　鰭の擦れた個体と綺麗な個体比較

　その一方，今後国内で内水面養殖業を続けていく上で遊漁は，ますます重要なキーワードになっていくであろう．しかし単に遊漁向けの出荷に依存していくだけではなく，その際には顧客や消費者にニジマスを PR する術として，我々生産者の腕を研ぎ澄ますための道具としてもとらえるべきだと思う．筆者自身，やはり食用として魚を生産し，たくさんの消費者においしく食べてもらうことに養殖業の魅力や醍醐味が感じられるし，やはりそれが養殖の本来の目的であろうと思う．近年ますます食品の安全性や健康食がクローズアップされ，それが必要不可欠なものとなりつつある．幸いニジマスは完全養殖が可能な数少ない養殖魚の一つと言える．そういったことからも国内で養殖されたニジマ

スが再び脚光を浴びる可能性はまだ十分に残されていると思う．それをいかに導き出していくかは，我々生産者のこれからの努力やひたむきな探求心にかかっているのではないだろうか．

─❸─
遊漁者による魚類の自主放流の実状
─ヤマメ発眼卵埋設放流─

佐々木一男
((社)全日本釣り団体協議会　日本渓流釣連盟会長)

ヤマメ発眼卵放流は自然な渓流で行なう

3.1　日本の遊漁

　四囲が海の島国で，陸地中央部の脊梁山脈から多くの川が流出する．海は暖

流と寒流が魚種を豊かにし，船釣り・磯釣り・砂浜の釣り・波止場や岸壁での釣りなどが行われ，根魚（居着き魚），回遊魚とも四季折々に対象にされる一方，内水面は川が主力釣り場で，川の大小や流程・地形で渓流域・中流域・下流域に分けられる．さらに，湖沼（ダム湖も含めて）が独立した漁業協同組合の管理で多彩な魚種を放流し，管理釣り場的な経営を行っている．ヤマメ・アマゴ・イワナなどを対象にする渓流釣り，日本特有の釣法である"トモ釣り"のアユ釣り，侘び・寂を真髄とするヘラブナ釣り，外来魚ながらスポーツ・フィッシングの花形となったブラックバス釣りなど．内水面のこうした釣りは，全て放流によって魚影を補うし，年間の釣り期間や体長を規制し，ライセンス（遊漁料）制をとる合理的なものである．

こうした日本の釣り事情の中で，釣り人（遊漁者）による自主放流は，内水面のヘラブナ釣りと渓流釣りに限られる（お断りしておくが正確な把握でなく，多分に個人的な観察である）．海面については自主放流は認められない．（財）日本釣振興会（会長・麻生衆議院議員．釣り具業界の団体）が各地の支部ごとに海面・内水面に多彩な放流活動を行っている．これからは，（社）全日本釣り団体協議会加盟の地方自治団体の協議会による放流が期待されているが，いまだ実行はないようだ．したがって，遊漁者による自主放流は，ヘラブナ釣りと渓流釣りのみである．ブラックバスについては，外来魚の扱いが未解決であることから，本稿では記載しない．渓流釣り遊漁者の自主放流，とくにヤマメ発眼卵について私や仲間の経験をもとにして記していく．

3.2　釣り人の組織について

日本の釣り人口は 2,000 万人とか 3,000 万人といわれるが，この数字はオーバーな当て推量というべきだ．生涯に1〜2度釣りをしたか，生活上で海や川・魚類に関心を抱いた人も含めてのことで『不特定多数』という表現は妥当

である．参考に記すとアメリカでは3,000万人．日本の人口が1億2,000万，アメリカは3億5,000万人である．こうした釣り人口の数字は，雑誌や新聞を中心にしたマス・メディアが釣り具業界からの広告を獲得（コマーシャル・ベース）するため便宜的に誇大に推測したものである．

こうした釣り愛好者が居住地（町内）・職場・交遊関係などでグループをつくり，釣りクラブや同好会をつくる．また，同じ釣りをする人たちやグループが連帯して広域団体をつくり，情報を交換したり親睦をはかり，○○連盟とか××協会を名のって組織化している．ヘラブナ釣りの日本ヘラブナ釣り研究会（ヘラ研），ヤマメやイワナを対象とする日本渓流釣連盟，ブラックバスの日本バス協会，海釣りの全日本磯釣り連盟，東京都の各区・自治体をまとめた東京都釣魚連合会（都釣連）などがある．さらに社団法人 全日本釣り団体協議会が結成されてからは，地方自治体が地域内の釣り組織や愛好者を組織化して県単位で釣り団体協議会を設立している．（社）全日本釣り団体協議会は，こうした広域団体と県釣り団体協議会を集合させて創立され，1971年4月に農林大臣認可を得て発足した．初代会長には先ごろ政治家を引退された兵庫県出身で衆議院議長をつとめた原健三郎さんが就任，30年にわたって統率された．2002年に神奈川県選出の衆議院議員で元運輸大臣の亀井善之さんが二代目会長に就任されている．

2001年度の会員構成は，府県釣り団体協議会が21，広域団体が14，登録構成員総数は約18万人．会費納入者は約4万人．先述した釣り人口と比較すると，まさに不特定な数字といわざるを得ない．構成会員は海面（海釣り）が6，内水面（川釣り）が4の割合である．

3.3 渓流釣り遊漁者の自主放流について

皚皚とした山岳渓流の遡行も含め，渓流釣りはアドベンチャー的，特異な釣

りである．対象となる魚はマス類のヤマメ・アマゴ・イワナであり，ヤマメはサクラマスの陸封型，アマゴはヤマメの変種（個人的な推量）とする．イワナは分類せず．本稿ではヤマメ（アマゴも含めて）の放流について記す．

　マス類は内水面漁協が認可条件として放流を義務付けられている．これは遊漁者から遊漁料（入漁料ともいう）を徴収し，その売り上げの何％かを放流費とするようになっている．しかし，この徴収金額は，個々の漁協によって違うし，遊漁者あっての収入であるから，釣り場のよしあし（交通や宿泊便，釣り場とする渓流の環境・自然，魚影の多い少ない，魚体・魚姿，遡行の難易度）で忌避されることもあって，漁協の収入は安定せず，放流費も同様である．悪い言い方だが経営的にもずさんで，ひところは存在理由は水利（ダム建設や取水）補償のみと，その経営を疑わせる不審な漁協もあったから，遊漁者たちの中には，漁協が放流しない水域や源頭にひそかにヤマメを運び，隠し釣り場的なプライベート・フィールドをつくる向きもみられ，組織のリーダーを困惑させた．しかし，もっとも自然派であると自認する渓流人の自覚は早く，短期間でギブ・アンド・テイクの放流になる．昭和30年代後半から始まった漁協不信の抗議放流は40年代初期には漁協との合議放流になった．その頃は農山村居住者の老齢化が目立ってきたときで，放流という重労働作業を遊漁者たちが自らの手で，労力だけでなく資金援助もして，美挙という誇りを釣りに組み入れたのであった．これをスムーズにしたのが，今にして思うと発眼卵の扱い方に慣れたからだろう．それまでは渓流の砂礫底に直径30 cmほどの凹をつくり，周りを頭大から拳大の石で囲み，発眼卵を直に撒き，大きな石を蓋にしていた．1ヶ所で卵は200粒ほど．ごく自然な方法だが，これだと降雨で増水すると流失するか砂礫に埋没される．川ガニや川ネズミ，小鳥に捕食される．孵化確認ができないから孵化の歩留まりがわからない．発眼卵を放流したという作業だけで感激は弱かったといえる．

　1977年に埋設容器のバイバード・ボックスを入手した．完璧な効果が得られ

るようになり，私たちは日本渓流釣連盟傘下の数クラブに容器の使用をすすめ，入手を斡旋し，多くの漁協に費用と労力を私たちが負担することを約し，放流地域を広げていった．関東・中部・東北地方南部・九州でも，日本渓流釣連盟に所属する 50 団体の約半数と個人会員数名が，これを行った．もちろん今（2003 年）も，2002 年からは（社）全日本釣り団体協議会公認釣りインストラクター東京機構と埼玉機構が加わっている．とくに九州では，九州ヤマメを守る会が全域にわたって発眼卵放流を行ない，山域の小学校に水槽を設けて児童たちに観察させ，孵化した稚魚をふるさとの川に放して教育的効果もあげてマスコミの話題になっている．

3.4　ヤマメ（アマゴ）発眼卵

ヤマメ（アマゴも）の稚魚・発眼卵の入手は比較的容易である．自治体の水産行政に養魚場があり，民間の営業目的の養魚場も多くある．いずれも入手を予約した買い取りができる．ただし，予約に一応の目的事項（放流地・漁協の承諾・放流水域の生態系など）を正確に把握して生産者側に伝えねばならない．自治体経営の養魚場への予約は所定事項を文書にして提出しなければならない．

卵は成熟した 10 月中〜下旬に採卵され，孵化水槽で発眼を待つ．11 月中〜下旬に積算温度が 240℃前後になった頃が入手（放流）の適正時期である．発眼は採卵・放精から 18 日間ほど，積算温度 180℃くらい．目が動いて生命が判然とする．入手は発眼直後を避ける．

積算温度とは孵化槽水温に日数を乗じた数字で，水温が 10℃なら発眼する 180℃まで 18 日，孵化する 450℃まで 45 日ほどになる．この数字は地域（東北地方〜九州地方）によって異なり，日数に差が生ずる．240℃前後で入手し，放流後 200℃経過させるのがよいようだ．なお，発眼卵は入手から放流まで適

正な処置（保管）をすれば数日間個人でキープできる．稚魚放流に比べ，搬送が楽，保管も可能．したがってミスがなければ放流の成功率が高い．私たち（日渓連会員のクラブ）は孵化率99%以上を二十数年間にわたって続けている．

しかし，人工孵化によるヤマメは，放流という人間（遊漁者）の介在が理由かどうか判らないが，欠点が顕著である．その是正は今のところ不可能といってよい．放流水域からの親魚採捕～採卵～孵化～放流が望まれる．

その欠点とは，

① 孵化～稚魚～成魚のあと，抱卵するが産卵能力（産卵場所への移動，産卵・受精行為）が著しく弱い．

② ヤマメの本能である遡上性が弱く，下降性が強い．順応する水温が22～23℃と天然ヤマメよりも2～3℃高いのが理由のようだ．したがって遊漁面での好釣り場は放流地の下流域，順応水温の範囲内になる．

③ 遊漁の対象にされる陸封型マス類の顕著な性質である警戒心が弱い．そのため釣られやすく，繊細な釣技を要する渓流釣りの興趣を失する．これを補うには，1水系に数年の継続放流が必要である．遊漁事業を行なう漁協は成魚放流・稚魚放流・発眼卵放流を季節に応じて行ない，その日時・数量などを公表し，遊漁者の誘致をしている．

発眼卵放流を行なっている遊漁者は主として日本渓流釣連盟に加盟している釣りクラブの会員たちで，目立つ活動クラブとしては，日本渓魚会，東京渓流釣人倶楽部，九州ヤマメを守る会，青流会などがある．また，全釣協公認の釣りインストラクター機構の一部が東京渓流釣人倶楽部の指導で2000年より実行している．他に一般の渓流釣りやフライ・フィッシングの愛好者が小規模に行なっている．また，こうした人たちは各地の漁協の放流にボランティアとして協力していることを付言しておこう．

発眼卵は積算温度（採卵から孵化までの所要日数をいう．この場合は水温に日数を乗じた数字）420～450℃で孵化する．仮に養魚場の水槽と放流後の渓

流の水温を同じ10℃とすれば，450÷10＝45で45日で孵化する．しかし，同じヤマメ生息域でも，奥多摩や丹沢と東北地方北部とでは水温が著しく異なるし，晩秋から初冬は気温・水温が不安定だから，積算温度を満たすのに差が生じる．個体の健康度（？）も勘案すべきだ．

発眼は文字通り卵に黒い眼球ができ，かすかに動く気配を感じさせられる．メスから採卵しオスから放精させて，積算温度が180℃に達すると発眼する．放流は積算温度250℃前後が頃合である．発眼卵を受け取るとき，養魚場で正確な積算温度を聞いて，その後の行動（放流日）を決める．

本稿は，バイバード・ボックスを使用したヤマメ発眼卵の埋設放流のマニュアルを，東京渓流釣人倶楽部のガイダンスで記した．およそ30年にわたって行なってきた放流経験に，有志による試行錯誤が付加されている．また，東京都水産試験場（奥多摩町）での学習が基本になっていることをご承知願いたい．

3.5 発眼卵放流の実際

発眼卵は，渓流への遊漁者の自主放流の主流になっている．卵の入手が比較的容易であり，入手先と放流水域（地域の漁協）への交渉，入手・放流日の調整も簡単（最初の交渉がスムーズに成立すれば次年度から簡略される），発眼卵の積算温度に合わせた放流日に余裕がある，小人数で実行できる，搬送が楽だから奥地（マイカーの入らない源流や支流）へ放流できる，といった利点があり，実行者たちにとっては遊漁期が終了した後の渓流跋渉が楽しいことで参加者が多い．

発眼卵の放流は渓流域での埋設である．その作業は次の3段階よりなり，埋設放流実行日と前後した3回の作業になる．

1）**放流水域の調査**　渓流水域での出水・崩壊の有無，護岸や砂防堰堤工事，新たな伐採・伐材搬送の林道敷設の有無，ワサビ田の洗浄，利水のための新た

な取水堰の工事の有無，観光施設の新たな工事などを調査するのだが，水際からの両岸山腹にも注意しなければならない．したがって，その年が最初の放流になる場合は前記した諸件をことごとくチェックし，記憶にとどめるだけでなく，文書にして次年の参考にしなければならない．この折の調査人員数は，渓流の流程 1 km に対し最少 2 名，渓相（険しいか遡行容易か）や，そのときの水量（降雨で増水）によっては増員すべきだ．調査日は入手する発眼卵の積算温度に合わせて決めるのが理想だが，入手先との交渉以前であってもよい．ただし，晩秋・初冬のこの時期は気象が不安定であるから，前線の通過や台風に注意すべきである．

　2）**放流実行**　入手する発眼卵が 1 万粒なら 10 名前後，5,000 粒なら 6 名くらいの人員が必要だ．経験を積んで要領を覚えると，人数は半減できる．

　埋設放流箇所は，可能な限り支流や源流に求める．この場合，本流との水路に滝や砂防堰堤・崩壊箇所がないことが条件になる．その理由は，孵化した稚魚が餌料の多い本流へ下降することを前提としているからである．支流がなく源流も遠い場合の埋設放流は，放流場所の選定に困るし，その後のリスク（孵化歩留まり・容器の流出）もある．参考に記すが，放流は 1 水系で 3～4 年継続して行なうべきだ．

　埋設放流に必要な器具類については別記するが，キー・ポイントにされる発眼卵収納容器（バイバード・ボックス）は，1 器で 300～400 粒くらいが理想だ．この数字は天然のヤマメでもっとも能力的（産卵行為と孵化歩留まりが良好）に強い 4～5 年成魚（体長 24 cm 前後）の抱卵数に近い数字である．したがって使用されるバイバード・ボックスは，発眼卵 1 万粒なら 33 個，5,000 粒なら 17～18 個が必要だ．このバイバード・ボックスは，輸入品で一般の入手はむずしいが，大型量販釣具店に入手を依頼するか，輸入業者を紹介してもらう．

　なお，放流予定日を変更した場合（降雨で増水，崩壊，道路事情，アプロー

チで不慮の事故など）は，発眼卵の積算温度が許す範囲で延期することができるが，1週間くらいが目安である．

  3）**追跡と容器回収**　埋設放流された発眼卵は積算温度が420〜450℃で孵化し，バイバード・ボックス内で卵囊期を過ごしてから仔魚（稚魚）に育ち，ボックスの網目から脱出して自然な形で水界の生活に入る．養魚場での受精から50〜60日後である．これは西日本⇔東北地方と広域面を平均した日数である．また，その時期の渓流の水量や水温で多少のずれが生じるし，発眼卵の扱いの善し悪し，放流水域の水質によって予定が狂うこともある．

　発眼卵の孵化は，おおむね翌年の1月上旬，厳冬のさなかである．それだけに低水温で，孵化した稚魚はボックス内にとどまっていたり，脱出しても四散せずに近くの比較的水勢の弱い深みで小集団を形成している．この時期は追跡しない．2月中旬になって気温が上がり，春の気配を感じる（といっても山深い奥地では残雪もあり，氷結も見られる．孵化した仔魚の立場で活動期）2月中・下旬に確認の追跡を行なう．

　追跡（言葉としてはよくないが，この場合は埋設放流の結果を追うとする）は，孵化の確認と孵化率の視認（ボックス内に残存する死卵の数で計算），死卵の除去（ボックス内にとどまっている仔魚を死卵の水生菌〈カビ〉から守るため），ボックスに流れ込んでいる葉や枝の小片・苔・砂礫などを除去する．残存する仔魚の生育が良好（卵囊が完全に消化されている）なら水界へ放出させ容器を回収する．

　死卵については未だ勉強不足で，発生の原因や症状などは不明である．親魚の採捕〜放精〜発眼〜埋設放流以降の段階で，親魚の健康度・容器類や作業者の消毒ミス・放流水域の水質（汚染）・水流の溶存酸素不足，といったなにか？であるのだが，まだ解明されていないようだ．したがって，発眼卵入手のときに不受精卵を除去するようにしている．この死卵はピンセットを用いて取り除くのだが，ボックス内は当然として水中でも潰さずに処理しなければならない．

追跡でボックスを回収できなかった場合は，1～2週間後に再度の追跡を行なう．山域にある残雪が溶けて増水する前に作業を終える．この時点で仔魚は浮上し，ボックスから脱出し，集団で渓流の深場に潜み，プランクトンや微生物を餌料にして生育し，遊泳もして徐々に群れを小さくし，遡上や下降をしながら単独生活をするようになる．

　発眼卵放流には，産卵場所に簡単な産床をつくって，そこへ直接埋設しても効果が上がるものだ．ヤマメ（マス類）の自然産卵同様のやりかたで，私たちは"直撒き"といっている．また，産卵場のまわりを人間の頭くらいの石で囲んで流失を防ぐ形にするが，この場合は水流をよくしなければならない．バイバード・ボックスの効果に準じた手作りのボックスを考え，使っている向きもある．要は孵化率さえ良好なら方法や容器に善し悪しはないわけだ．ただし，水中で分解したり溶けるような材料は絶対に使わないこと．板材に杉や松の生木を使わないようにしたい．これらの木は脂（やに）の分泌が多く，卵を死滅させるようだ．朴や桐がよい．また，接着剤を使用した場合も後遺に注意すべきである．

　埋設放流水域と場所については，次の諸条件を勘案すべきである．
・自分達が釣りに行く渓流を優先させる．
・放流作業が楽にやれる（危険がない）水域．
・夏や冬（四季）に水涸れがない．
・その川に棲息しているヤマメが産卵を行なう水域．
・谷が強い日差しを遮っている．東面・南面に向かって流れる川を避ける．
・いずれかの岸が樹林帯（広葉樹）であること．
・放流場所の上・下流に滝や砂防堰堤，露出した岩盤帯がないこと．
・川底に人間の頭大の石が多くあること．砂礫が多くても石があればいい．
・急流の流心を避ける．
・緩流のザラ瀬（砂礫底）を避ける．

- 放流地の上・下流に崩壊（ガレ）がないこと．
- 渓流沿いに林道や，架橋・護岸・堰などの工事がないこと．ワサビ田はないほうがいい．
- 大川の本流に放流場所を求めない．支流のさらに支流（枝沢）が前記した条件を満たす．
- イワナのみの棲息水域を避ける．イワナは貪食で孵化したヤマメの稚魚を捕食する．
- 川の生態系を乱さないこと．

3.6 発眼卵の入手・保管（輸送）

　発眼卵の入手は計画段階の初期に交渉・確認がなされているべきだ．『初めに卵あり』が先決なのである．入手先は，放流地とする水系筋にある養魚場・水産試験場を優先させることが肝要だ．近年は地方自治体が水産試験場的（海面・内水面に関係なく）施設をもち，内陸面の自治体はすべて淡水魚（ヤマメやアマゴ，イワナ，アユなど）の研究機関を運営しているから，その自治体の川や湖沼に対する補給目的で養殖事業を行なっている．もちろん自治体自身の補給能力でのことだが，一般のボランティア活動に対処して，計画数を上回る養殖をしているから，秋の放流に対して春・夏ならオーバー・ペース分を予約できる可能性がある．また，自治体に負けじと河川の漁業協同組合が商業ペース（ドライブインや観光地の旅館などに売る）で養魚場を経営しているから，交渉の余地はある．いずれにしても発眼卵入手を確実にすることは放流の成果を左右する大切なことである．

　入手が決まったら積算温度を正確に確かめ，放流日を決める．前記したが河川を管理する漁協の諒承もとる．放流日の立会いも要請すべきだ．発眼卵の入手は放流当日が理想だ．早朝収受し，即，放流地へ行く．当日の天候にもよる

が，小雨なら決行する．台風が接近して数日後に水系がコースになる，豪雨・増水の懸念がある，放流日数日前に前線の通過や停滞で水系に降雨・増水したままで減水の気配がない，といった天候・水況なら，放流日を延期する．この場合，供給側に断って収受を延期するのが賢明だ．しかし，収受してしまったら自分たちで卵の保管をしなければならない．それは，あくまでも積算温度の許す範囲であるが，300℃前後までを限界とすべきだ．一般的には250℃位で収受するから50℃の許容（放流地の水温が8℃なら6日間，6℃なら8日間，約1週間）期間がある．

　計画どおりに進行し，卵を入手する．積算温度を確かめる．卵を入れる容器は弁当箱（フタ付きのポリ容器）でも，ポリ袋でもよい．タオルで袋をつくり，熱湯で煮沸して滅菌し，飲料用の天然水で軽く湿らせて卵を入れてもよい．これを中性洗剤でよく洗ったポリ袋・容器に入れる．クーラー内で氷と容器を直接触れさせないことが大切だ．クーラーは中性洗剤で洗浄後，一般家庭で用いるうがい薬（ヨード含有・商品名イソジン）を約30倍に薄めた溶液を塗布すれば，消毒効果になる．このイソジンは，バイバート・ボックスや，卵をすくうスプーンや手の消毒にも使用するので，放流時に持参する．

　入手先の養魚場では受け渡しの折に卵を消毒してくれるので，ポリ袋も同時に同じ溶液で消毒するのがよい．

3.7　埋設放流に必要なもの

　現地に持参するものとしては，バイバート・ボックス（1個に300〜400粒），バイバート・ボックス2〜3個を格納できる網状目のある箱（野菜箱），針金，細引程度のロープ，放流場所の目印にする赤いテープか布片，洗浄消毒用に使う大型ポリ袋など．個人的には軍手（川底の石で産床をつくる）がいる．針金を切るカッター，ロープを切るハサミかナイフなどは複数用意する．

発眼卵は消毒済みで受授する。鮮やかな朱色で眼が動いている。

鮮やか。まだ3cmだ。単独で遊泳し、パー・マークが鮮やか。

孵跡は厳冬だ。孵化仔の残留があるが大半は浮上仔でボックスから脱出している。死卵は白化している。

容器回収は2月か3月。ボックス内に居残っている稚魚もいる。

3. 遊漁者による魚類の自主放流の実状 ── 45

放流は形式上では埋設方式で，渓流の東岸か南岸寄りに場所を求める．樹林や潅木で日射を妨げるなら北・西面でもよい．その水域の平均的な水流があること，底が粒の大きい礫に拳〜頭大の石がまじること，水深が格納箱の高さよりあること，上・下流に大型砂防堰堤や取水堰，滝がないこと，支流（沢）に放流する場合は本流に水流が直結すること，放流場所以遠に集落や水田がないこと，といったことが条件になる．

前記した条件に合うのは渓流釣りでいう渕脇き・渕の開き・落ち込み・深瀬・瀞脇き・荒瀬の淀み，などであるが拘るべきではない．水域によっては，こうした渓相が形成されていないこともあるし，増水のたびに渓相が変わるから，臨機応変に対処すべきだ．例として，ザラ瀬でも水流があって日差しを避けられるなら産床になる．

放流予定地に着いたら，バイバート・ボックスを大型ポリ袋に 30 倍に薄めたウガイ薬（イソジン）を（薄め液は渓流水でよい）入れ，ボックスを 3 分前後浸して消毒する．卵をすくうスプーンも同様．次いで格納箱も一応消毒する．

バイバート・ボックスを組みたて発眼卵を入れ，格納箱に 2〜3 個並べ，左右に・上下に動かないように小石（拳大）をつめる．格納箱の蓋（網状）をし，針金でとめる．これは，川ガニや川ネズミ，カワセミなどが入り込まないためのものである．

埋設場所に沈め，流失しないように周囲を頭大の石で囲む．蓋の上に蓋を破損しない程度の石を乗せて安定させる．前もって格納箱の端角にロープを結び，増水しても流されないように上流方向の潅木の幹に結びつける．このとき，赤いテープを目印につける．この場合，埋設場所（産床）が砂礫底なら，小石を敷いてやるべきだ．格納箱のまわりにも石（頭大から小石まで）を積んで流砂を防いでやる．格納箱に水流が通るようにすることが大切だ．大岩の陰とか湾入した止水溜まりは避ける．

発眼卵をスプーンで袋から取り出し，バイバート・ボックスに移すのは，つ

バイバート・ボックスの上段に卵を． 　　　格納箱に入れて放流場所へ運ぶ．

水流，日差し，底石を慎重に勘案．

増水の流下に備えてしっかり固定．

3．遊漁者による魚類の自主放流の実状

ねに同一人で，両手を前記した液で消毒していなければならない．こうしたやり方で，3〜4ヶ所に埋設するのだが，支流（沢）に放流するときは，あくまで孵化後，稚魚になって本流に下れることを前提にすべきだ．こうした一つの場所に大量の卵を埋設する理由は，孵化までと，孵化後の稚魚の生育に，支流（沢）が適しているからで，稚魚は自然な形で本能に従って本流へ下降し，初めは小集団を形成し，5 cm くらいになると分散して単独生活，テリトリーをもつようになる．天然ヤマメの産卵でも，親魚（オスもメスも）は本流を遡って源流や支流奥まで遡って産卵する．

　埋設箇所は，格納箱 1 箱を基準（1 箱にバイバート・ボックスが 2〜3 個）とし，次の埋設場所は流程で 200〜300 m の距離をとる．または別な支流（沢）とする．あくまでも稚魚の下降可能が条件だ．

　それを満たしているなら，さらに上流へ埋設場所を求めるべきだ．

　3,000 粒を 5〜6ヶ所に，流程で 1〜2 km，経験のある渓流人なら 5〜6 人で 4 時間くらいの作業（徒歩時間も含めて）である．

3.8　東京都下の渓流での放流活動

　東京都下の内水面漁協で，渓流水域でヤマメを遊漁の対象にさせているのは，多摩川水域に奥多摩・氷川・秋川・小河内・奥多摩第 6 区・恩方の 6 漁協と，荒川水系の入間川の源流の一つである成木川（青梅市域）を管理する奥多摩第 8 区がある．いずれの漁協も東京都奥多摩水産試験場の指導によるもので，発眼卵は同所生産のもの，漁協関係者に遊漁者がボランティアとして加わり，毎年充実した放流が行なわれている．遊漁者の参加は山村の労力不足を補うものであるが，ギブ・アンド・テイクの模範型としてよいだろう．漁協はヤマメ発眼卵のみ放流しているのでなく，稚魚・成魚も，ニジマスやイワナの放流もしている．

私が所属する釣りクラブである東京渓流釣人倶楽部は，小河内漁協の要請に応じ，同漁協が管理する奥多摩湖（小河内ダム）に注ぐ峰谷川・岫沢・小袖川の発眼卵および稚魚放流にボランティア参加している．2001年度はヤマメ発眼卵2万粒を11月中旬に，ヤマメ稚魚を3月と4月に，いずれも十数名の会員が参加した．この年の3月に行なわれた同水系での追跡（2000年埋設放流）の総括は，峰谷川，岫沢とも発眼卵の孵化状況は良好で99％以上の高率であった．

　また，バイバード・ボックスや収納箱などの回収は100％である．参考に記すと，埋設放流に23名，追跡（2回）で25名．バイバード・ボックス1個に約400粒宛，数量上で不安があったが，一応の結果が出た．この卵の収納数は日本産ヤマメ卵数で，バイバード・ボックスが考案されたヨーロッパの主たる川釣り対象魚であるブラウン・トラウトは川で最大50cm級，湖沼では70〜80cmと大型で，卵はヤマメより大きい．したがって日本で使用された折にマニュアルどおりに300粒としていた．しかし，ヤマメの卵は400〜500粒の格納で十分好結果が得られた．

3.9　放流の是非について

　ヤマメ発眼卵の埋設放流については，今は疑問も不安もない．正直なところ"ギブ・アンド・テイク"と割りきっている．しかし，自主放流を美挙とするか，遊漁者のマスターベーションとするかは第三者次第である．私個人の場合はつねに渓流讃歌，山の清冽な流れにヤマメという魚をいっぱい遊泳させていたいし，哲学的という渓流釣りにさらにも深く沈溺したいから，理屈や批判に聞く耳を持たない．私たち遊漁者は残念ながら魚類についての知識は薄弱である．しかし，比較的，排他的で，妥協を許さず，一渓に一竿をモットーとする渓流釣りでは，対象魚であるヤマメやイワナに深く強い愛情を抱いている．そ

れ故に，自主放流という世界の釣りで唯一の行為に拘っている．

　未来的活動としての放流（発眼卵）の継続は，日本国内に限らない．かつて豊かにヤマメやイワナの魚影を誇っていた朝鮮半島・中国奥地・台湾などに，この活動を広められないものだろうか……？　ヤマメはサクラマスの陸封型だから，前記した国に幽かに残るヤマメと同種である．私は，いずれの国でもヤマメ釣りをやり，それを確認している．韓国の渓流釣り愛好者（ニジマス釣り程度だが）が，私の作った『山女魚発眼卵埋設放流手引き』をハングル語に訳しているそうだ．南で成功したら北でも，疲弊した北朝鮮の川にヤマメを増やしてやりたいものである．そんな夢を渓流人として思い巡らせているが，いろいろな問題がある．まずは国との交渉，費用の工面も．問題の最大関心は生態系，学識者の判断・諒解が必要だ．

釣具業界の実状と課題

葦 名　修
(マルキユー株式会社　海外部)

マス釣大会風景　於イタリア・ベルガモ管理池

　釣りは古くから，時代や地域性によりそれぞれ事情が異なるものの，地位や世代による分け隔てなく，食べるため（キャッチアンドイート），時には釣り味を楽しむため（キャッチアンドリリース）に独自に発達してきた．昨今では食べることを目的とするより，レクリエーションの一環として"釣り"を楽し

む方が増加している．それはスポーツ性，文化性，福祉性，芸術性，何よりも自然の中に身を置くことができ，健康的だからだろう．文部科学省は体験学習の見地からも釣りに対する有益性を認め教育現場などで釣りを奨励しており，大学の教養学部で釣りを題材にしたゼミが開講されたこともある．

しかし釣りを取り巻く環境はますます厳しさを増してきており，釣り人口や釣具市場は減少し，大手総合釣具メーカーの業界からの撤退や老舗卸問屋の廃業，大型釣具店の縮小など，"釣りに不況なし"や"不況に強い釣具産業"と言ったことはもはや過去のこととなってる．

釣具業界は，消費低迷，情報通信の進化とグローバル化，自然環境の悪化と環境保全意識の向上など，急激な社会変化に順応すべく関係する業界や団体との連携で問題を克服し，今後政府が新たに設けようとする経済活性化政策の動向を踏まえ，積極的に参画して再起をはかり健全な余暇活動である釣りを次の世代により良く引き継いでいく契機にしなければならない．

4.1 釣具業界の実情

釣り人口は 1998 年が約 2,020 万人とピークを迎えて以後下降を続け 2000 年は約 1,680 万人と約 17％減少し，2001年は 2000 年とほぼ同じ水準の 1,690 万人を維持している[1]．

しかし，それでも全国民の 8 人に 1 人が釣りに参加し，内水面の釣りは 1998 年で 1,329 万人と国民の約 10 人に 1 人が内水面の釣りに参加した[2]．

釣り人口の男女比率は，男性 79％に対して，女性はわずか 21％と，男女間の比率差が大きいという結果が出ている．しかし年齢別では，10 代〜60 代以上の各層に於ける参加人数の比率バランスはほぼ均等にとれている[3]．

「スポーツ」に関する種類別人口では，釣りはボウリング，水泳の次にランクされ（運動としての散歩・軽い体操を除く）[3]，人口が低下したとは言え釣

りがいかに広く国民に親しまれているかが理解できる．

しかし釣り業界の市場規模について，小売ベースで1997年の2,950億円をピークに以降下降を続け，1999年は2,760億円に落ち込み，2001年では2,420億円と更に減少している[1]．

(1) 釣具業界の減少要因

バブル経済の崩壊によるかつてない長期的な不況により個人消費が低迷していること，バス釣りブームが去り青少年をはじめとする愛好者が著しく減少したことが大きな要因といわれているが，他に，通信・携帯端末・インターネットなどのコミュニケーション投資，そして語学・資格取得などの自己投資型余暇の増加も大きな要因と考えられる．

インターネット人口は2000年で既に5,245万人を越え（全人口の46.4％），余暇を学習，研究に費やしている人口は4,094万人にも及んでおり，男女とも若年層では更に高い伸びを示している[3]．その他，室内遊戯・娯楽・観戦も多様化し，ボランティア活動，パソコン，園芸なども好調に推移しており，国民の生活行動や余暇活動の変化はスポーツ用品や釣具など「する」業界の経営に大きな影響をもたらしている．

次に水辺環境や気象などの変化による釣り離れも考えられる．それは護岸のコンクリート化，ワンドの減少，釣り禁止などによる釣り場の減少，海水温上昇，夏の異常気温，紫外線恐怖により，本来釣れるべき魚が釣れない，釣れる魚が変わった，釣りに行かないという変化を助長している．

(2) 釣具業界に於ける放流魚の重要性

しかしこのような逆風の中で，釣具業界がまだ持ちこたえることができるのは放流魚の存在であり，今後業界が回復を遂げ，安定して発展していく鍵が放流魚と言える．放流魚を用いた釣りは，身近で手軽な釣りを実現し有意義な時

間を提供してくれる．放流魚には，アユ，渓流魚，ヘラブナ，マブナ，コイ，ワカサギその他いろいろあるが，その中から，ヘラブナ釣りを見てその有益性を考えて見たいと思う．

まず，「釣りはへらに始まりへらに終わる」と釣りの世界で言われているが，それは子供からお年寄りまで長期にわたり楽しめること，ヘラブナ釣りの趣向，奥深さ，それに個人，仲間，団体いずれでも楽しめるなど多くの要素があるからだろう．ヘラブナ釣りを産業面から見た場合，マニア層が厚く小規模ながら産業としてしっかり成立している．それはヘラブナ専用品や専門店，複数の専門誌，専用池が存在し採算に見合うこと，季節に強い（四季を通して），天候に強い（台風以外は釣りができる），競技に適する，管理が比較的容易であるというように安定性が高いこと，そして何よりも特有の惹きつける釣り味があるからだ．

次にレクリエーション性であるが，遊戯，競技，技術，社交などによるスポーツ性，手作りによる道具や仕掛，浮子の製作，魚拓，伝統工芸などに見られる文化芸術性，自然の中でゆったりと過ごせるので癒されリフレッシュできること，福祉の面でも高齢者の健康と生き甲斐に貢献し，身障者と健常者とのふれあいに役立たせることができる．研究対象としても有益で，東京大学の教養学部で開講されたゼミでは日本独自のヘラブナを切り口に，そこからヘラブナ釣りの文化，自然環境やマナーなどの社会的問題まで総合的，科学的に学習した[4]．

4.2 海外釣り事情

さて，海外では釣りに対してどのように考えているかについての一例を申し上げると，米国，中国は釣りの有益性を高く評価し国家的に取り組んでおり，英国でも政府が青少年に対して釣りを推奨し，大手企業も普及活動のスポンサ

一支援をしている．韓国では魚資源管理の意味合いが強いものの，政府による釣りライセンス性の導入について本格的な検討段階に入っている．

日本では文部科学省が釣りを生涯スポーツと認定し，教育課程審議会などで釣りを通しての自然体験や総合的学習のため，釣りを奨励している．スポーツ振興法(1961年法律第141号)に釣りは生涯スポーツとして規定されている[5]．

2002年11月福岡県では，不登校や学校不適応症状が見られる中学生を対象に文部科学省が取り組む「悩みを抱える青少年を対象とした体験活動」の福岡県事業「子供たちの愛と夢を育てる体験活動」に対して，福岡県教育委員会とともに日本釣振興会九州地区支部と福岡県支部も共同で協力した結果，参加者が野営や釣りを通して自然と向き合い海の恵みに感謝する貴重な体験を持ったとある[6]．

1998年12月の文部省「子供の体験活動などに関するアンケート調査」では，生活体験や自然体験の豊かな子供ほど道徳観や正義感が身についているという調査結果が出ており，自然体験では「蝶やバッタなどの昆虫をつかまえたこと」と「海や川で貝をとったり，魚を釣ったりしたこと」が紹介されている[7]．今は見た目の自然は残っていても，手軽に蝶やバッタを捕ったり魚を釣ったりできるような自然体験が得られる場所が減少しており，自然の復興と保全は重要である．

海外では釣りに対してどのような活動が行われているか，釣り事情はどのようなものかについて一部であるが述べさせて頂く．欧米，アジア，南米でも放流魚を用いた管理釣り場での釣りは活発だ．多くの管理釣り場は魚持ち帰りを原則としているが，最近，日本のように釣りの楽しみや競技として魚を釣りその場に放流するいわゆるスポーツフィッシングとしての管理釣り場も増加している．

(1) 米　国

1999年クリントン大統領は，全米釣週間に向けて行ったメッセージで釣りの有益性を称えその発展に期待するメッセージを送っているが，要約すると以下の通りである．

「米国の水生，野生生物やとりまく自然環境を慈しみ親しむ最善の方法の一つがレクリエーションの釣りであり，あらゆる人たちが平等に真の魅力的なレジャーとして楽しむことができる．自然の中で，魚とのファイトを通じて忍耐と思いやりを育む機会を与えてくれる．釣り業界は国の経済に力を与え環境保護に貢献している．多くの新しい世代に釣りの喜びを教え，広めることに期待する」

米国スポーツフィッシング再建プログラム連邦政府援助機構が制定されたのは第2次世界大戦後の1950年で，疲弊した国民が豊かで健全な心身を取戻すのには釣りが最良であるとして釣りの機会を増やすために，環境整備，財源の確保と持続的発展のために創設されたそうである．釣りに関して連邦政府の内務省や商務省が関与し，関連する庁，部，局，委員会などと相互協調して調査と生物の保護培養，魚の貯蔵，放流，土地取得と釣り場造成や運営，ボート停泊場建設，水生環境教育などさまざまな取り組みを行っており，同時に釣りライセンス制を導入して資源保護と釣りの普及義務，それを保持するためのルール・マナーを制度化している．

米国の釣り人口が約5,800万人で釣りに使う消費支出は年間約4兆2,720億円である，淡水魚で一番人気の対象魚はバス釣りでその人口は約1,130万人，続いてパンフィッシュ（ブルーギルの類）が860万人，以下マス類，ナマズと続くようである[8]．

(2) 欧　州

欧州の内水面釣りは概ねコイ（特にレザーカープ）釣りが盛んであり，北欧

ではマス釣りが人気だ．その他，地域により対象魚はサンダー，パイク，大ナマズ，フナ，パーチ，ブリーム，ローチ，バス，ソウギョ，ニゴイなどいろいろある．釣り方も餌釣り，ルアー，フライフィッシング何れも盛んで，欧州諸国間の釣競技会も盛んに開催されている．

　欧州は内水面の釣りに対してライセンス制を用いている国が多いのであるが，その運用方法は国により違いが大きいと言える．私は以前オランダのアムステルダムで釣りをするにあたり市内の釣具店で1年間の年券を購入しライン川およびその付近で釣りを楽しんだが，ちょうど通りかかった警察官2名に証明書の提示を求められた．既に購入済の年券を見せると安心したように去って行ったので全く問題は無かったが，しかしドイツの場合では事情が異なる．淡水域で釣りをする場合は先ず筆記試験を受けて釣りライセンスを取得し，そ

コイ管理釣り場（イタリア・ミラノ郊外）

イタリアのマブナ

4．釣具業界の実状と課題

れからそれぞれの地域または釣り場ごとに釣料を支払ってから釣りができる．違反すれば罰則がある．したがって外国人にとって，ドイツで釣りを楽しむことは極めて困難であり，たとえ釣り業界関係者であってもライセンスを取得できなければ釣りができない．

イタリアや英国も釣りは盛んだが，両国のライセンス制もオランダと同様のシステムのようである．私はイタリアで釣りをする時は専ら管理釣り場だが，そこでは釣料を支払うだけで特別なライセンスは必要ない．イタリアはマス釣り競技が盛んで，ミラノ近郊にはマス管理釣り場が多く存在する．マスはキャッチアンドイートが原則で持ち帰らなければならない．マス以外にコイ（レザーカープ），フナの専用管理釣り場があり，魚量が極めて濃いため，釣り道具を準備すれば手軽に釣りを楽しめる．

EU15ヶ国の釣り人口は，EU総人口の6.5％の2,500万人であり，2,900社の釣具メーカーおよび卸売業者，12,900の小売店を通して年間6,500億円の売上高がある．2,500万人の釣り人が釣具購入，移動およびEU15ヶ国内の宿泊などによって支出される金額は年間3兆2,500億円以上に達している[9]．

（3）中　国

1984年の釣具新聞第1437号を見れば，中国政府要人で中国釣魚協会主席である金黎氏が鄧小平副主席の副秘書長として日本視察団の随員として来日以来，日本と中国の釣りを通しての親善に大きく寄与され，同氏はインタビューで次のように話されたという記事があった．要約すると以下の通りである．

「文革の前は釣りをする者は最低と言われてきたが，文革以降は釣りが国民の生活の中に急速に溶け込み始め，現在ではレクリエーションとして国民の健康管理には老若男女を問わず最適であるという認識が高まり政府も休日の釣りを奨励，1，2年前から大都市で釣りクラブを設けるよう指導に努め，釣り雑誌も創刊した．政府としては釣り対策を真剣に考えており，1．釣り場の確保，

造成　2．釣り雑誌の確立と共に釣り教育を図る　3．釣具の製造と海外メーカーとの提携　4．諸外国との釣り大会の企画　5．釣りに対する諸外国との情報交換の促進などを積極的に進めて行きたい」[10]

　中国釣魚協会の役員は中国中央および地方政府，軍の要人が多数在籍し，中国の釣り振興が国家的なプロジェクトで進行していることをうかがわせており，現在では管理釣り場の規模，施設，専門性に於いてかなりの充実度を誇っている．したがってそこでの釣技のレベルも極めて高いといえる．管理釣り場の多くは養殖池，持ち帰り可の一般池（フナ，コイ，ソウギョ，レンギョ他），フナの競技池など複数の人工池を有しており，規模の大きい池ではその他の魚の専用池も併設している．北に行けばコイ釣りが盛んで，南に行けば行く程，

フナ競技釣り風景
（中国・南京）

管理釣り場と宿泊施設
（中国・昆明）

4．釣具業界の実状と課題

テラピア釣りの比率は高くなる．地域，全国，メーカーなどの釣り競技会が頻繁に開催されており，遠隔地からの釣り人も多数集まるため大型宿泊設備を完備した釣り場もある．全国各地に釣魚協会があって広く釣りが普及しており，中央や地方政府がそれに果たした役割は極めて大きいといえる．釣り大会では必ずと言ってよいほど，政府関係者の来賓があり，中央，地方を問わず釣りに関する政府機関の関与，関心の程がうかがえる．

現在も中国は内水面の釣りが圧倒的に多く，また釣り競技熱も高いが，昨今河川湖沼の汚染が進んでおり今後とも人工管理釣り場が増加することと，海の国際親善釣り大会も開催されており，中国東部や南部でクロダイ，スズキ釣りなど海面での釣りが一気に開花する傾向にある．

(4) 韓　国

韓国の釣具関係者の話や調査資料から，韓国の釣り人口は総人口の 10％以上を占めており，釣りは登山と並んで最も人気の高い趣味の一つとのことである．約 70％が内水面で行われており，フナ，コイ，マス，ソガリ（高麗鱖魚），バス，カムルチー（ライギョの半島版）などの釣りがあるが，その中で圧倒的

フナ釣り大会風景（韓国）

に人気があるのはマブナ（日本のギンブナに近い）釣りだ．韓国でマブナが重宝される背景としては，釣り味がよいことに加え，マブナを煮込んだ時のスープが滋養強壮に抜群の効果があると強く信じられているからだ．煮込んだ時に出るエキスが重要なため魚の量は多いほどよいとのこと故，釣った魚をリリースする釣り人は少なく，最近まで大量に持ち帰られてきた．マブナの成長スピードは遅く，したがって年を追って釣れる量，サイズが減少してきた．そこで，釣った魚を持ち帰ることができる管理釣り場も各地で人気となり，数多くの釣魚施設が運営されている．それらの釣り場は主にマブナとコイ，双方の雑種（ハイブリッド）が放流されており，北部では冬季マスも放流される．マブナの養殖はコストがかかり価格が高いため，現在管理釣り場はもっぱら中国から輸入されたマブナが使用されている．釣り人の間ではそれを中国ブナと言って，韓国のマブナと区別されているものの韓国マブナが減少してきているため，韓国マブナ同様に釣りと食材に利用されている．

コイは，レザーカープ（欧州に多く鱗が殆ど無いコイで，韓国の釣り人の間ではイスラエルゴイと呼んでいる）の養殖が過去盛んであったため，管理釣り場ではマゴイとともにこのレザーカープもよく釣れている．韓国の管理釣り場の最近の傾向としては，釣り競技会が盛んに開催されスポーツフィッシング人口が増加しており，キャッチアンドリリース下での専用池や競技池も増えている．

冬季の釣り

冬季韓国北部では湖沼が凍結し大河漢江でさえ凍る程の寒さであるが，この間で興味深い釣りは氷上フナ釣りだ．日本の氷上ワカサギ釣りと同様に凍結した湖面に丸い穴を開けて釣りをするが，日本との違いは氷上でもワカサギよりフナを釣る人口が多いことでである．氷上釣りは普段と道具，仕掛けが異なるので独特の釣り味が楽しめる．

もう一つは北部，中部で人気の現地で言うハウス釣り堀である．湖沼が凍結

しなくても，やはり冬の寒さは厳しく釣りに行くにはそれなりの準備が必要であるが，ここ韓国では中国北部の大型屋内釣り池程ではないが，冬になると釣り堀全体をビニールハウス状に囲う釣り堀業者が多くある．このようなハウス釣り堀は天候に左右されず，中に暖房設備もあるので手軽な釣り場として人気がある．私も何度か釣りをしたことがあるが快適そのもので，日本の東北，北海道に於ける冬場の余暇活動への利用など大いに参考にすべきかも知れない．

日本ヘラブナの活躍

数十年前に韓国で移植され現地で帰化している日本のヘラブナだが，数年前まで全くと言ってよいほど現地釣り人の話題に登場しなかった．放流もなく，キャッチアンドイートを続けたために個体数が減少傾向のマブナに対し，それまで釣り人の対象外つまり，外道であったヘラブナは，従来の韓国の釣り方，釣り餌では数多く釣れなかったこと，魚の成長のスピードがマブナと比較し速いこと，植物プランクトンを常食としているので餌の心配が無いことなどの状況がヘラブナを増加させてきた要因だと考えられる．現在は日本の釣りスタイル，道具，釣り餌の普及によりヘラブナ釣りが注目されている．日本と韓国の親善釣り交流会も毎年継続的に開催されるようになり，ヘラブナ釣りの理論，道具だけでなく，ファッション，釣技方法までも垢抜けたものとして関心を集

韓国で自然繁殖しているヘラブナ

めるようになった．韓国釣り業界，釣り人双方が業界の主流であるマブナ釣りの将来に危機感を感じていただけに，ヘラブナの地位は自然に向上し，利用価値が認識されてきていること，その釣具の高級感，市場への貢献度から，もはやヘラブナは韓国釣り業界にとって必要な魚になっている．

韓国の釣り業界の対応

内水面に於ける魚資源枯渇化に対し韓国釣振興会や釣具製造業者，釣りクラブなどの組織，団体は自然河川，湖沼でのキャッチアンドリリースの啓蒙と魚放流活動，水辺環境保護のための清掃活動などに取り組みはじめている．これらの重要性と活動内容について日本の活動も参考にされている．

韓国では2009年に魚資源保護や健全な余暇活動，自然学習の見地から欧米のように釣りライセンス制実施に向けて目下政府や関連団体を中心に検討が開始された．政府主導のライセンス下に於いて，釣り人がよりよい環境下で安心して釣りを楽しめるようになるために，韓国釣り業界，団体，釣り人によるこれらの活動がより積極的に展開され，その実績が評価されていずれ日本への参考となることを期待する．

(5) 台 湾

台湾の釣りは釣り堀が発達して多様性に富んでおり興味深く，ユニークな釣り堀もあり参考にすべき点が多いと思う．都市部河川下流域の水質は極めて悪く，河川湖沼での釣り禁止区域も多いために自然の中で釣りを楽しむには車で時間をかけて移動する必要があるが，養殖業が発達してそのノウハウの蓄積が多いことから台湾では釣り堀が発達しており，多くの釣り人がそうした釣り堀での釣りを楽しんでいる．

台湾の釣り堀は，競技性の高い釣りや買取制（釣った魚の重量に応じて換金する）の場合はキャッチアンドリリースで，一般レジャー向けの釣り堀では魚の持ち帰りができる．

台湾で最もポピュラーであり専門性が高い釣りとしてテラピア（現地では福寿魚とも呼ばれている）釣りがあるが，その専用釣り堀は台湾北部から南部にかけて数多くある．そこでは釣り競技会が盛んに行われており，釣り人は常に釣技の向上に努力している．現在は台湾内だけでなく中国の広州や香港の釣り人とも交流がもたれており，台湾企業の中国，その他東南アジア進出ラッシュの影響とともに，テラピア競技釣りはアジア南東部域の釣りに大きな影響力を与えていくだろう．

テラピア釣り堀（台湾）

混合釣り堀とヘラブナ釣り堀

　単一種の釣り堀ではなく何種類かの魚族が混合している，いわゆる混合釣り堀にはフナ（台湾では土鮒，チラと呼ばれている），テラピア，コイ，ソウギョ，アオウオなど，またはその何れかが入れられており，魚の持ち帰りができる池が多い．昨年台北郊外新店市の混合釣り堀を訪問したが，家族連れで大勢の方が釣りを楽しんでいた．因みに台湾ではこれらの魚は食材として一般的であり，スーパーマーケットでは日本のようにパック詰めで売られている．その他変わったところでは，バス専用釣り池や南米の魚であるパクー（コロソマ）の専用池がある．

20年以上前は台湾北部・中部でヘラブナ釣りが盛んに行われ，競技釣り堀も数多くあったとのことだが，暑さに弱いヘラブナは台湾では病気にかかりやすく，後にヘラブナ釣り堀は完全に消滅してしまった．しかし3年程前に新店市で日本と同一のヘラブナによる釣り堀が開業し，昨年は新竹市にも同様の釣り堀が開業され人気がある．

混合魚釣り堀（台湾・新店市）

屋内エビ釣り堀

　台湾で広く庶民に受け入れられている釣りとして屋内エビ釣りがある．ここで使用されるエビは現地で泰国蝦と言われ，東南アジアで生息する淡水域のエビである．形はさしずめ手長ブラックタイガーとでもいえるだろうか．釣りが終了すれば，自分達で釣ったエビを付設のグリルで焼いてテーブル席で食べるが非常に美味で繊細な味がする．通常このタイプの釣り堀は屋内にあり時間制で課金される．客層はファミリーや友人同士，マニアなど，老若男女を問わず，また若いカップルが多いのが特徴である．場所も街中に多く貸竿があるため手軽であり，ちょっとした時間つぶしにも最高である．私は時々高雄市内のエビ釣り堀に行くが，夜遅くにもかかわらずあらゆる層のお客さんがエビ釣りを楽

しんでいる．手軽な割に奥深いところもあり，レクリエーション性は抜群である．

屋内エビ釣り堀（台湾・高雄市内）

海釣り堀

　台湾の海釣り堀は日本のように海面でなく，主に海に面した場所の内陸側にあり，海から人工池まで海水を引き込んでいる．対象魚種が多い混合池と魚種を絞った専用池がある．魚の買取制と持ち帰り制の釣り堀があり，買取制で特に有名なのが石斑（日本でいえば海の大型魚であるクエ）池である．数十キロある石斑を狙うのだが，1尾釣れば10万円以上の現金が手に入るということで自前の高級なタックルで挑む．釣具，餌代，入漁料共費用はかかるが，一発大物の醍醐味とその対価に魅せられた釣り人は少なくない．大型魚の石斑だけでなくスズキなど中型魚を対象にした釣り堀もある．持ち帰りを対象にした釣り堀では，マダイ，クロダイ，スズキなど，数多くの魚種を入れた混合池から，夏季には台湾食材で人気のサバヒー（英名はMilk-Fishと言い現地語で虱目魚と書く）の釣り堀が人気だ．サバヒーは美味しいだけでなく，釣った時に突進したり飛び跳ねたりと釣りの醍醐味も最高である．

台湾・海釣り堀（混合池）

海釣り堀のサバヒー（台湾）

(6) 香　港

　香港でも釣りは盛んで，その釣りスタイルは対象魚により日本，台湾，中国，欧州の影響を強く受け発達し，一方，香港伝統的なハンドラインフィッシング（手釣り）を楽しむ釣り人も数多くいる．

　釣り人の情報，釣技の吸収力は素晴らしく行動範囲は広域にわたる．香港のみならず，影響を受け吸収した釣りや伝統的な釣りを楽しむため，それぞれの発祥国，中国本土，東南アジア，オセアニア，北米などにも活動的に釣行するので，香港釣り人の国際的な釣り場開拓や釣りの普及促進への貢献度は極めて高いと思う．

　さて，香港で一番人気の高い釣りはクロダイ（クロダイ，南洋チヌ，ミナミクロダイ，キビレ，他を含む）釣りで，その魚影は比較的濃いといえる．今か

4. 釣具業界の実状と課題

ら8年程前になるが香港の釣りチームを受け入れ，日本で筏釣り実釣講習会を催したことがあるが，現在では香港で養殖筏からの筏釣りが数多く見られるようになった．4年前に現地関係者から聞いた話では，当時経営が厳しく苦しんでいた養殖筏業者と，より安全で釣果がある釣り場を求めていた釣り人の利害が一致し結実したとのことだった．釣り人は内湾の安全な場所で釣りを楽しむことができ，養殖業者は釣り人より筏使用料を徴収することにより経営が改善されたようである．現在は筏から日本の筏釣法のみならず伝統的な紀州釣法まで楽しんでいる．

(7) タ イ

タイに於ける内水面管理釣り場の主役はサワイという体長1m以上にもなる灰色の中層魚で格好はナマズに似ており，食材にも利用されている．私が釣行したのは5年程前だったが，当時管理釣り場の70%以上がサワイ管理釣り池とのことであった．タイの管理釣り場は規模が大きく，内に宿泊可能な施設や調理場があったりして設備十分である．サワイは体長があるだけにパワー，スタミナとも十分でやわなタックルでは話にならない．トローリング級のタックルで自分の体重をも利用してやり取りしなければならず，体力にそれ程自信がない人ならば1日3尾も釣ったら十分だろう．

サワイ管理釣り池の中には，ジャイアントカープなる化け物魚を入れているところがあり，これに魅せられた釣り人がいる．色は濃紺色で形はヘラブナに似ており，ジャイアントと言うのに相応しく体重が200キロを悠に超えるものもいるとのこと．日本でこの魚の存在を知っている人はどれだけいるのだろうか．日本にも熱狂的なコイ釣りファンがいるが，この魚を見れば必ずやこの魚の虜になるだろう．たとえ日本で釣るのは夢でも，日本の水族館などで見ることができればその迫力に圧倒されるだろう．

サワイ管理釣り池（タイ・バンコク郊外）

タイで人気魚のサワイ
（バンコク郊外管理池）

(8) ブラジル

　ブラジルには多種の魚が生息しており，ピラニアやピラルク，ドラドといった有名な魚がいる．庶民には現地でランバリという小魚やテラピア（現地ではチラピアと言う）といった河川湖沼で手軽に釣れる魚が人気である．釣りが盛んな国故に現地でペスキパギと言われる管理釣り場の数は極めて多く，コイ，テラピアもいるがパンタナール水系やアマゾン水系の多種の魚も放流されてい

る．管理釣り場の人気の魚はパクー，タンパギー，その雑種のタンパクーという魚やバグレーというナマズで，食べて美味しいのがその理由だ．釣料は魚持帰り制の料金が基本である．一方，自然界の釣り場には歯の鋭い魚の種類が多く生息し魚掴みペンチは必携だ．ここ，水域が違うブラジルではバスはひ弱で神経質な魚であり，保護してやらねば個体数の減少に歯止めがかからないと地元の釣り人は言っていた．

混合魚管理釣り池
（ブラジル）

食べて最も美味しい魚の
一種タンパギ（ブラジル）

4.3　日本の釣り業界の諸活動

　健全な釣りを次の世代に引き継ぎ発展させるために，財団法人日本釣振興会（日釣振）は積極的な活動を行っており，釣具業界，釣団体も同様に力を合わ

せて釣りの発展に努力している．日釣振の所轄官庁が農林水産省，文部科学省，環境省であり，魚族資源の保護培養，釣り場環境の整備保全，釣りや安全対策に関する知識の普及啓蒙などに必要な事業を行い，レクリエーションとしての釣りの健全な振興と明るい豊かな社会形成に寄与することを目的とする財団法人である．その内容と今後の取り組み，課題については概ね次の内容である．

　まず，釣り人のマナーの問題として，水辺に釣り関係や一般ゴミの廃棄，地域，近隣住民や漁業関係者への迷惑行為などが取り上げられ，釣具業界にとって釣り人のマナー問題は最重要課題と捉えており，日釣振は社団法人全日本釣り団体協議会と合同で釣人宣言を発表致し，啓蒙活動を強化している．

釣人宣言

　私たちは，日本の豊かな自然を守り，釣人としての責任を果たしていくため，以下のことを宣言し，遵守します．

一．釣り人としてのマナー向上に努めます．
　　私たちは，安全第一を心掛け，譲り合いの精神を大切にします．
　　また，ボートの無謀操船など，他人の迷惑になる行為は行いません．

一．釣り人としてのルールを守ります．
　　私たちは，車の不法駐車や不法移植放流防止に努めます．

一．自然環境の美化・保全に努めます．
　　私たちは，ゴミや使った仕掛けの持ち帰りなど，釣り場の清掃を常に心掛けます．
　　また，魚族資源の保護・培養のためにも，魚類の体長制限やキャッチアンドリリースを推奨してまいります．

　私たちは，釣りのモラルの向上とともに，「水辺環境を守る監視人」としての役割を果たしていくため，これからも漁業者や地域

> の人々とも連携・協調を図りながら，自然環境の再生・復元を願いつつ，清掃活動・魚族資源の増殖事業にも，積極的に寄与してまいります．
>
> 財団法人 日本釣振興会
社団法人　全日本釣り団体協議会

(1) バス，ブルーギル移植について

　バス（オオクチバス，コクチバス），ブルーギルの不法移植禁止については，当該種漁業権が免許されていない河川湖沼にそれらを移植放流することは都道府県内水面漁業調整規則などの法令に違反する行為であるだけでなく，環境の保全を旨とする当会の趣旨に反し，かつ生物生態系や生物の多様性の保存に反することになるとして，傘下の都道府県や地区の支部に通達を出し，自然環境保全のため「生物生態系の保全」や「生物の多様性の保存」に向けて，その徹底と組織を通じた広報活動の強化をはかっている．また，政府，都道府県，漁協などが作成し発行するポスター，ステッカー，リーフレットなどの店頭への掲示，配布協力を行いその普及に努めている[8]．

(2) ゾーニングについて

　漁業の立場を尊重し調和ある発展に努め，在来魚種の保全と生態系保全に向けて不法放流禁止の啓発活動と監視強化を図り，かつオオクチバスの健全な釣り場を確保するため閉鎖性水域の一定の条件の水域下で適正な管理によって公認の釣り場としてオオクチバスを漁業権魚種として活用させて頂きたいとしてゾーニング（生息域区分）を要請している[8]．

（3）釣り場の維持管理

　放流活動を積極的に継続して全国の内水面，海水面で実施．内水面への放流魚は，コイ，マブナ，ヘラブナ，オイカワ，ヤマメ，イワナ，アユ，ニジマス，サケ，ワカサギ，ウグイなど．一方，海水面への放流魚はクロダイ，マダイ，ヒラメ，メバル，クロソイ，スズキ，メジナ，カサゴ，イシガキダイなどの稚魚など多種の魚を放流している[8]．また，放流のための募金箱を設置して稚魚放流意識の高揚を図り，環境事業団助成事業の一環として青少年に「お魚放流体験」を実施し，放流を通して青少年に環境問題と魚類保護の精神を学んでもらう契機にする活動を行っている[8]．

（4）釣り場環境の整備保全

　釣り場の減少をくい止めるために，行政への働きかけを行い釣り公園，河川敷などの釣り場造成，整備保全，公園や港湾などの施設の開放運動を推進している[8]．

　米国や中国は国家的な取組みの中で釣りの振興を捉え，釣り場増設を進めているのは前述の通りであるが，その過程として，それぞれ混乱期に国民を健全な方向に導くために釣りを奨励したそうである．米国は青少年に対し，「麻薬を止めて釣りを！」，中国では国民に対し，「賭博を止めて釣りを！」というように，それぞれ過去に抱える社会問題を解決する手段の一つとして釣りに注目し釣り場増設を行っている．

　釣り人口の男女比は男性79％であり，米国の男性が74％，その他の国でも釣りは圧倒的に男性が主流である．釣りに関心のある女性は多いものの，行きたくないとする原因の中で特に目立つのが手洗いの問題だ．釣りのために食事や飲料制限を強いられ苦痛を伴うのであっては，女性に釣りを楽しんで頂くことは困難である．業界にとって女性の釣り活動への参加は重要な課題であるので，女性が気軽に釣りに参加できる環境として男女別トイレの設置された管理

釣り場や，安全で綺麗な釣り場の増設とそのための働きかけは重要である．

(5) 環境美化活動

釣り業界は各関連団体，釣り人と連係を深め，環境美化へ一層努力して取り組んで行かねばならないとして釣り場，水辺清掃活動を積極的に行っている．「水辺感謝の日」(10月第3日曜日開催) に，日釣振各支部が中心となり全国規模で一斉に水辺の清掃活動を行っている[5]．2001年度の実績は，全国で170ヶ所以上の水辺で地元釣り人，釣りクラブ，釣具メーカー，PTA，一般参加者などの協力を含め21,000人以上の参加者があった．清掃に必要なゴミ袋2種 (燃えるゴミ，燃えないゴミ用)，軍手，金バサミを参加者に配布し，釣り関係だけでなく，ビン，缶，菓子空き袋，ポリ製品，粗大ゴミなどの多種のゴミがこれらの参加者により回収される．釣り大会の開催の際には，ゴミ袋を配布し釣り場の清掃およびゴミの持ち帰り運動を呼びかけている[8]．

また，漁場クリーンアップ事業 (水産庁補助事業) として水域環境美化のためにダイバーが潜って海底の根掛かり廃棄物の回収を行なって磯根の保全を図る活動をしている[8]．

日釣振埼玉県支部では，地域財政に大きな負担をかけているゴミの不法投棄問題について協力し，不法投棄防止に釣り人の協力が得られるようにポスターやチラシを作成し，釣り人が不法投棄を発見した場合に環境管理事務所に通報して頂く依頼を始めた．これはリサイクル法に伴う大型家電製品の廃棄有料化やゴミの分別収集を嫌って山や渓谷，河川湖沼にゴミの不法投棄を行う者がいるためどこの行政も手を焼いているが，これらのゴミから出る有害物質の流出などによって当該地域の水辺の生態系を一変させる環境破壊に繋がる恐れがあるとして，早期通報によりこれらの被害が未然に防止されるように釣り人に監視活動の協力を呼びかけている．

(6) 釣り普及活動と並行した釣りモラル啓蒙活動

釣り人口減少を食い止め増加させて行き，かつ，釣りモラルの向上を図るには釣り普及活動と並行した釣りマナー意識向上の啓蒙活動が不可欠であるため，業界では釣具見本市や釣りセミナー，釣り大会を数多く開催し，その機会を通してさまざまな活動を行っている．

社団法人日本釣用品工業会は「JISPO 国際釣り博」を，大阪釣協同組合では「フィッシングショー OSAKA」を主催しているが，両釣具見本市で内外10万人以上の業界関係者や釣り愛好者が入場するので，そこで新製品発表や普及促進活動と併せて環境美化，釣りモラル向上啓蒙活動を行っている．

日釣振では，国際スポーツフィッシング評議会の行事として WFW ジャパンが開催する WFW（世界釣り週間）活動を支援している．国際スポーツフィッシング評議会は水生資源の保全，自然環境保護を通じて青少年にアウトドアライフの健全な育成を目指す世界統一事業として主に少年少女ファミリーを対象にした釣りイベントである WFW をスタートしており，2003年度は後援4ヶ所を含め日本全国47ヶ所で実施することになっている．また，水産庁委託事業として釣教育指導テキスト「ハロー！ Fishing」を企画制作して，釣り教室，放流，作文，絵画の募集を通じて魚の生態や釣りの正しい知識，釣りマナーの指導を行い，健全な釣りの普及と発展に努力している[11]．

釣具メーカーや釣り団体，公共団体などでも青少年やファミリー，カップル対象の釣り大会や釣り教室，プールでの釣り体験教室が開催されており，楽しいイベントを通して初心者，女性層にも喜んで参加して頂ける環境の提供を行っている．魚を釣った時の感触，感動の体験は忘れがたいもの．青少年の釣り離れが釣り人口減少の大きな要因となっているので，釣り活動の維持とともに新たな参加者を呼び込むには，このような機会を通して楽しく魚を釣って頂くのが肝要である．

(7) カワウ問題

　近年関東より近畿の内水面でカワウの魚食被害による損害が急増し被害地域が拡大傾向にあり，希少種として保護されていたカワウが天然魚やアユなどの清流域の魚種，ヘラブナなどの放流魚など貴重な魚資源に深刻な被害をもたらすのみならず，営巣による糞害で森林が立ち枯れるなど水陸双方の自然環境に重大な影響を引き起こしているとする報道がある．

　放流したアユなどがカワウの食害により遊漁料収入が減り，漁協の経営が悪化するなどの被害を与えており，放流魚に支えられている釣り業界にとっても深刻な問題である．都道府県の中で有害鳥獣に指定して捕獲している県や実態調査中の県もあるが，一刻も早く状況を把握し有効な対策をすすめる必要がある．カワウに関する調査対策を進めるため，日釣振ではカワウなど検討委員会を設置して関係省庁，団体などより情報収集を行っている[8]．

　以上，日釣振の活動を中心に釣り業界の活動や私見について述べさせて頂いたが，釣り業界が今後発展するためには，共通の問題を抱える漁業や養殖といった関係する業界や団体と連携して問題を対処しなければならない．

4.4　内水面利用者は共存共栄

　釣り業界，漁業，養殖業者は共存共栄の関係となり今後更に絆を深めていくことだろう．それは釣りなどの遊漁業，漁業ともこれまで豊富な魚資源の上に成立していたが，魚資源減少に応じて遊漁は養殖された放流魚へ依存する比率が高まり，漁業者は遊漁関連の活動により広く活路を求めるようになるだろう．養殖業者も海外からの安価で大量の魚の輸入により，食材としてより遊漁向けの養殖への関心が増加し，遊漁業界の動向を注視していると聞く．しかし遊漁業界の中心である釣り業界は1997年をピークに市場は下降線をたどり，釣り

人口も1998年以降減少を続けている．

4.5 外来魚，外来種と水辺環境について

　海外から移植された外来魚や元来その水域に生息していなかった外来種が固有種，在来種の個体数に大きく影響をもたらす原因は，それぞれの魚のもつ食性や産卵など，その生態に因るのは勿論であるが，同時に内水面およびその周辺に於ける造成，開発による環境変化の要因が大きいといえる．道北での昆布壊滅を救ったのが懸命な植林であった如く，河川，湖沼に於いても雑木林の減少が水環境を変えていること，周囲，護岸コンクリート化により葦場などの植物帯，湿地帯が減少して魚の産卵場所や逃げ場所，生息場所が奪われたこと，土石流の多発，環境負荷の排出により河川湖沼に於ける固有種，在来種の個体数が減少していることが考えられる．ただでさえ減少傾向にあり更に捕獲する中で，そこに外来魚や外来種の魚が移入されればその影響が表面化するのである．適切な水の流入と産卵場所，生息場所が保全されていたならば，特定の魚や放流された魚の異常繁殖という近年のこれ程急速でかつ際立った事態にはならなかったのではないだろうか．外来魚，外来種の侵入とその繁殖防止の措置を講じるとともに，広葉樹の植林や葦場の回復，多自然型護岸，水辺環境整備，乱獲の防止，工業・生活・農薬雑廃水などの環境負荷の改善も同時に行なわなければならない．水辺のみならず，陸上に於ける自然学習などの余暇活動や自然学習，食の安全性，災害対策上に於いても重要である．

　海外より日本に輸入された外来魚について，国家や研究機関，組合，民間業者，団体などによりこれまで政策，研究，商業その他その時代に於いてそれぞれの目的により人為的に水生生物の内水面への移植や放流が行われてきた．外来の水生生物でありながらも日本ですっかり定着したアメリカザリガニ，ウシガエル，ニジマス，レンギョ，アオウオ，ソウギョ，ライギョ，ペヘレイ，ア

カミミガメや最近問題となっているブルーギル，オオクチバス，コクチバス，アメリカナマズ，タイリクバラタナゴなど数多くの外来の水生生物が輸入されてきた．

　外来魚の中で特にニジマスは養殖，放流が積極的に行われ食材として供給され，遊漁でも重要な役割を果たしている．今後食材や産業面だけでなく多様化する余暇の過ごし方を考えた時，このような有益性の高い海外の魚を移植して食材や釣りなどの遊漁としての養殖を考え，そしてその地域の固有種や在来種に脅威とならないように管理体制を整えて内水面に於ける持続的水産資源の有効活動の研究が図られることを切望する．

　前述の外来魚の中で食材などそれぞれの利用を考え移植されたものの，その目的が達せず既にその役割が終わり存在価値すらも疑われかねない魚もあるが，しかしそれらを現在でも利用している中の一つが釣りなどの遊漁関係ともいえる．

　日本では地域の食文化に根付いていない外来魚に対して，特に調理や寄生虫などの不安要因が多いのか一般的に食卓に上らないが，しかし一方台湾では日本向け刺身素材としてテラピアが輸出され，現地取引価格が上昇してテラピア管理釣り場の経営を圧迫しているという報道に接したことがある．これらを考えれば，機会を創出して日本でのイメージアップが図られれば，在来種の魚も外来魚も今後立派に食卓に上るポテンシャルを秘めているのではないだろうか．総務省社会生活基本調査によれば，海外旅行の行動者数は 1,320 万人（10 歳以上の人口に占める割合である行動者率は 11.7％）に達しており，特に 20 歳代の女性の 5 人に 1 人は海外旅行に出かけている[3]．特に東アジアや東南アジア地域では，日本に移植された魚の多くが一般的に食され現地レストランで食べる機会も多く，海外に観光や業務，研修で出かける旅行者はアオウオ，レンギョ，ソウギョ，バス，テラピア，ライギョ，カムルチーや現地内水面の多種多様の食材を利用した現地料理に出会い食文化を満喫している．日本の忘れ

られたこのような魚の有効利用のため，安全性をアピールできる養殖業が小規模ながら経営が維持できる環境整備を考え，日本の外国レストランの協力を得て，日本で帰化したこうした外来魚の美味しい料理を披露して頂き，政府の後押しとメディアの報道応援，キャンペーンソングなどでもって外来魚などの地位向上と利用の促進が図れないものだろうか．将来の食糧危機対策上においても環境に強い水産資源の国内確保は重要であると思う．

(1) バス，ブルーギルに関する取組みについて

この問題について，日釣振が提唱するゾーニングが成功することにより内水面遊漁と漁業，更に関連の業界に道を拓くものと信じる．

そのためには，固有種や在来種生態系の保持のため，それらの一般河川湖沼への移植放流に対し厳しい罰則と混入の防止，監視，そして繁殖防止体制を整えて固有種や在来種を有効活用し生業としている関係業者に被害をもたらさないこととともに，オオクチバスなど特定の外来魚や外来種の生息できる場所として，固有種や保護すべき在来種との隔離可能な公認の水域を設け，バス釣りを求める大勢の愛好者の希望に応え，地域の経済に貢献できる人為的なシステムを研究することは，多様化する遊漁層や業界，地域経済の再生などに有効であると考える．

(2) 水産資源の有効利用と関連諸業界連携の重要性

日本で発生した問題とその対策は近隣諸国の政策に大きな影響を与える．日本はバスなどの問題をここで固有種，在来種保護の観点と，その利用を願う釣り愛好家およびその関連業界の意向を反映して解決できれば，同時に海外で既に有効利用され日本人の嗜好にあった食材や遊漁で有益な新規の外国魚を地域特性を考慮し積極的に導入できる環境が整備されることになるのではないだろうか．それは釣具業，内水面漁業，養殖業，観光業その他関連する産業の衰退

に歯止めをかけ発展させる方向へ導き，成熟化に移行した日本の社会構造下に於ける国民の豊かで健全な余暇活動の推進に寄与するものと思う．

　現在各家庭の食卓に上る魚介類は輸入されたものが多く見受けられるが，これまで円高を背景にした要因が重なり，大量の魚介類が輸入され国内水産業界は打撃を受けているのではないだろうか．昨今の漁業関係者の就労人口の激減を見れば[2]，魚資源をこれまで有効に活用してきた日本の水産行政にとって深刻な問題であるといえる．

　今後ますます"捕る漁業"は困難となること，水銀やダイオキシンなどの残留性汚染物質，農薬による天然魚の危険性，輸入される養殖魚の抗生物質やホルモン剤投与への不安感が増加していることから，魚の安全性の確認や，国内外の水域に於ける魚資源枯渇化の防止のため，近い将来トレーサビリティーの確立が期待される日本の養殖や栽培漁業魚のような資源・安全性管理が行われる水産資源の需要が消費者に支持されると思う．

　一釣り人の意見かもしれないが，先程海外釣り事情で紹介させて頂いた美味しい魚や，中国や韓国の高級食材である桂魚やソガリ（共に蕨魚で魚食性故に現在の体制では問題があるかも知れない）などが技術問題を克服して日本で養殖され，管理釣り場などで釣って食べることができれば遊漁活動の幅が増加して釣具産業も活性化でき，高級食材として外食産業にも重宝されることだろう．養殖や漁協，遊漁に生かされ，海外で楽しまれている味覚を楽しむことができるだろう．

　政府や水産試験場，大学，民間の研究機関が海外の専門機関と共同して魚の生態や水生生物・水生植物への影響，環境維持管理技術手法，養殖技術，経済貢献性，相談窓口機関などについて，諸業界が有効利用できる漁業資源の研究を是非加速して頂きたいと思う．

　釣具業界内の諸問題に於いても少数の業者やその業界内の努力のみで解決するには活動に限度があり，行政管轄や業界が複数にまたがっていたり国際間の

問題点や課題についてはなおさら，内外の養殖，漁業，水産などの知識に精通した組織，各省庁の協力や各都道府県の連携で対処する必要がある．

釣り業界では関連の団体や環境関係，漁業関係団体との交流を図っており，対立ではなく遊漁，漁業，養殖の3業界が統一の見解を持ち力を合わせれば大きな力となり，ひいては魚資源に関する国際間のさまざまな協力と問題解決に大きく寄与し海外に向けても好影響を与えるものと思う．技術的優位な点やノウハウ蓄積も多い日本の利点を生かして，現在ある内外の市場促進や新規市場開発に期待がもてる．魚資源枯渇問題は日本だけの問題ではなく全世界的な問題であるからだ．

釣具業界は国民に親しまれた大勢の釣り人口が存在するものの，消費低迷を受けその市場は減少を続けている．業界ではさまざまな活動を通して業界維持に努めているが，未だ回復には至ってはいない．釣り活動には，釣具購入のみならず，釣り料金，飲食代，ガソリン代，高速代，宿泊料，アウトドア用品の購入その他多くの出費が伴われており，釣りに関連するこれらの費用を合算すればいったいどれだけになるのか，米国の4兆2,720億円，EUの3兆2,500億円には及ばないものの，しかしかなりの金額に達すると考えられる．ここで少々乱暴な計算をすると，米国，EU双方の釣り人口との年釣関連総支出額から1人当たりの総支出額を割り出して平均し，それに日本の釣り人口を掛けて数値を導き出すと，日本の釣り人の年釣関連総支出額は約1兆7,206億円となる．今後釣りがもたらす経済効果，金額について正確な調査が必要である．

釣り活動はとりわけ地方の地域経済に多大な貢献をしており，今後自然に対する関心がますます増加する社会環境に於いて，若者の都市流出と高齢化した地域が，そこに多く存在する豊かな自然という財産を活用し，釣魚やその他自然体験できる施設を設けて都心部から遊漁レジャー層の流入を促進して地域経済に活かす取り組みは，釣り業界のみならず観光産業にとっても明るい材料となる．釣具業界は，釣り人がマナーを守った釣魚活動をするためのPRに力を

注いでおり，地域と釣り人との調和ある関係が期待される．

　2002 年 6 月に閣議決定された「経済財政運営と構造改革に関する基本方針 2002」の中で有給休暇の完全取得など休暇取得の促進に向けて国土交通省，経済産業省，農林水産省など 12 の省庁は「ゆとり休暇」取得促進のための広報を共同で実施することになったとある．これは余暇活動ニーズを活発化させ，心身のリフレッシュ，家族，友人との絆を深め，歴史，文化，自然，伝統の体験学習，海外との国際交流と相互理解の促進などを促し，国民の生き甲斐の増加とともに景気浮揚のための個人消費を活性化させ，内需，雇用の拡大につなげたいとして，国土交通省，財団法人自由時間デザイン協会が発表した「休暇改革はコロンブスの卵」で試算した内容は，年次有給休暇の完全取得の実現で旅行系レジャー，アウトドアレジャーなどの活性化，新規雇用や代替労働による雇用創出によって約 12 兆円の経済波及効果と 150 万人の雇用創出効果が期待できるとのことである[12]．

　日本の釣具業界も政府が新たに設けようとする経済活性化政策など，新規政策の動向を踏まえ積極的に参画していかなければならないだろう．

4.6　教育と釣り

　昨今問題となっている諸事項について，我々釣具業界は釣り人のマナーの遵守とゴミを出さない工夫，魚資源保護保全，環境にやさしい製品の開発など，環境と調和した事業を進めなくてはならない．それとともに，釣りによる効用の研究を深め生かしていく取り組みを推進させることが必要であると考える．英国の釣り人から聞いた諺で "A bad day's fishing is better than a good day's work" というのがあり，社会人が日頃のストレス解消とリフレッシュに釣りがいかに効果的であるかを表現している．

　同様に青少年教育の中で釣りを取り入れることも効果的であり，親は子供の

欲する物を買い与えるのではなく，一緒に釣りに行くことにより生きる手段や生命を畏敬すること，自然や環境に関するさまざまなことを釣りを通して教えることができる．また，教育現場でもいろいろな題材があるが，特にこれから生きていく上で必要な基本知識と体験を子供に教えることは重要だ．そのために親は生活の中で，教育現場ではカリキュラムの中でキャンプなどの野外活動を通じて，火の熾し方や釣り，調理の知識を教えるのがよいだろう．フライフィッシングを始め多くの釣りでは，気候や気圧，地形，水流，気流，生物など自然条件や環境を知ることは重要であり，釣りを通じてその知識を体得できる．

　生きるための教育として，野外活動や釣りが国策として教育に取り入れられやすい環境づくりのため，釣具業界は釣りをやさしく丁寧に教える人材や施設，機会の提供などの支援を行なっていくことが必要であると考える．

文　　献

1）財団法人自由時間デザイン協会（2002）：レジャー白書 2002.
2）農林水産省大臣官房統計部（1998）：第 10 次漁業センサス結果，11月1日実施.
3）総務省統計局（2002）：平成 13 年社会生活基本調査，7月31日公表.
4）株式会社釣具界（1998）：釣具界，9月25日号.
5）財団法人日本釣振興会（2003）：（財）日本釣振興会リフレット.
6）日本釣具新報社（2003）：日本釣具新報，1月15日号.
7）文部省（1998）：子供の体験学習等に関するアンケート調査.
8）財団法人日本釣振興会：財）日本釣振興会公式サイト.
9）株式会社釣具界（2003）：釣具界，9月25日号.
10）株式会社明光通信社（1984）：釣具新聞，11月10日号.
11）総務省統計局：2000 年国勢調査，同局ホームページ.
12）国土交通省総合政策局観光部：12 省庁が「ゆとり休暇」の取得を呼びかけ，同部ホームページ，2002 年 6 月25日発表.

手賀沼漁業協同組合の遊漁について

深 山 正 巳
(手賀沼漁業協同組合)

乗っ込みの頃の釣り人

　手賀沼は千葉県の北西部，東京から約 20 km の位置にある海跡湖で，その流域は東京のベッドタウンとして急速に発展している松戸市，柏市，印西市，流山市，我孫子市，鎌ヶ谷市，白井市，沼南町，本埜村の 7 市，1 町，1 村にわたっている（図 5.1）．
　沼周辺からは縄文時代前期の住居跡や貝塚などが発見されており，古くから

人間社会との係わり合いをもっていることが推察される．

筆者は手賀沼において漁業との係わりをもってから数十年が経過し，この湖の移り変わりについては身をもって体験しているので，手賀沼における漁業，とりわけ遊漁について簡単に紹介する．

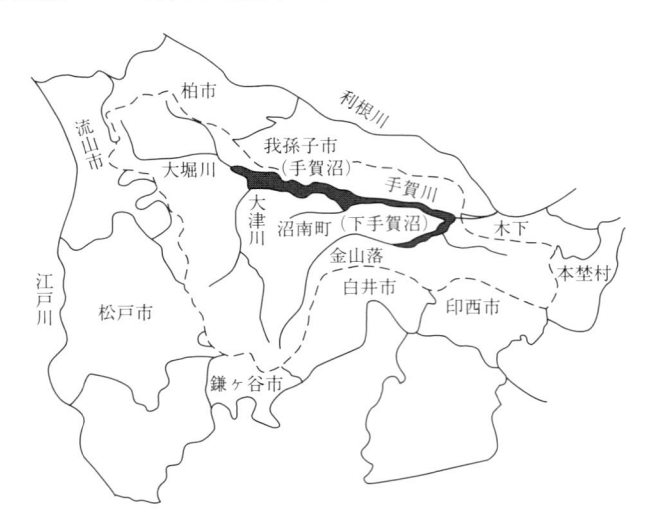

図 5.1　手賀沼の位置

5.1　手賀沼の歴史

手賀沼は約 5000 年前の縄文時代前期には太平洋から細長く入り込んだ「香取海」の入り江の一つで，「手下浦」と呼ばれており，常陸の国側から流れ出ている小貝川水系であったと見なされている（図 5.2）．

江戸時代初期に江戸の町を水害から守るため，当時東京湾に注いでいた利根川の流路を東に変え，銚子方面に流す工事が行われ，手賀沼は利根川水系に入ることとなり，利根川から運ばれた土砂の堆積によって湖沼化が進み，その後

は開田のための干拓，住宅地造成のための埋め立て工事などが相次いで行われ，手賀沼は人の手によってその姿が大きく変貌していった．

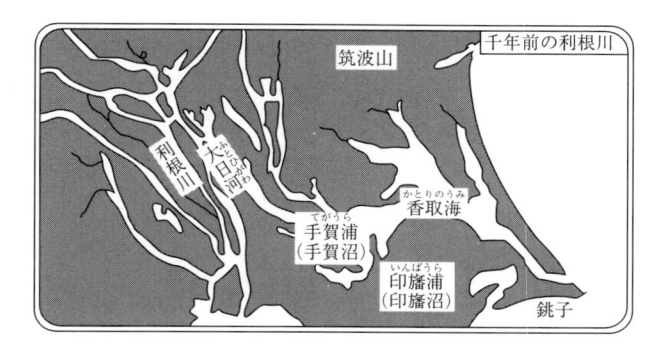

図 5.2　1000 年前の手賀沼付近

5.2　水質汚染の経緯

前述のように，手賀沼が江戸初期から干拓，埋め立てが繰り返されてきたが，それでも昭和 20 年代まで手賀沼は豊富な水が湧き，底が透き通って見えるほど澄み，水生動植物が豊富で，漁業や農業などの生業，遊びや憩いの場として人々のくらしに直接結びついた存在であった．

しかし1960 年代前半から大規模な干拓によって沼の面積が約半分になり，湧水源の減少，沼の自浄能力が弱まったことや沼周辺で宅地開発が急速に進み人口が急増したこと，それにともなって緑地が減少し，大量の生活雑排水が沼に流れ込んだことで水質が悪化した．さらに生活雑排水中のチッ素やリンによって沼の水が富栄養化し，植物プランクトン（アオコ）が異常増殖し汚濁を促進させ，悪臭を放つなどの悪循環を招くようになった．

水の汚濁の程度を示す COD（化学的酸素要求量）の値は昭和 40 年代後半

以降急激に上昇し，1979 年には 28 mg / l に達し，環境庁（現環境省）の調査が始まった 1974 年から 2000 年度までの 27 年間，全国の湖沼の水質ワースト 1 という不名誉な記録を続けてきた．

現在，手賀沼の水質は国・県や市町の様々な浄化対策や流域住民の取り組みによって，最も汚濁が進んだ1975～1990 年代前半に比べるとかなり改善され，2001 年度 COD 値は 11 mg / l で，ワースト1 脱出を達成することができたが，環境基準である 5 mg / l にはまだ程遠い状況である．流入する汚濁物質の量も大幅に削減されたわけではなく，沼の底には水の汚濁の原因となるヘドロが大量に溜まっているなど根本的な解決には至っていない．

ここで主な水質浄化対策をあげておく．

北千葉導水路事業：利根川から水を導入し，水の滞留時間を 15 日程度から 5 日程度に短縮し，汚れた水の濃度を薄める．

アオコ回収事業：水面清掃船「みずすまし号」やバキュームカーによるアオコ回収事業，アオコ分離脱水装置の稼動．

大津川浄化施設：手賀沼に負荷を与える汚染物質の多くは河川を通じて入り込んでいるため，河川水を汲み上げて，汚水物質を沈殿させる装置を設置している．

下水道の整備：家庭雑排水の沼への流入を防ぐ最も効果的な対策と考えられている．

手賀大橋の架け替えによる出島の撤去：新手賀大橋の完成とともに，沼に張り出していた出島を撤去し，水の流通を改善した．

ヘドロの浚渫事業：大津川，大堀川の河口付近に溜まっているヘドロを取り除く事業が行われている．

啓蒙運動：家庭雑排水に含まれる窒素やリンの総量を減らすため，無リン石鹸を使うとか家庭で出来る水質汚濁防止策を啓蒙している．

5.3　手賀沼の漁業

　手賀沼漁業は，江戸時代になると沿岸の集落ごとに専用の漁場をもつ一村専用の漁場形式で漁労をしていたことが，当時の記録に残っている．漁民は，各戸ごとに小船と漁具をもち，家族経営の形態とっており，沼の周りのいたるところに網干場があり，漁船が係留されていた．手賀沼における1907年からの5ヶ年間の平均漁獲量は，ウナギ13,744 kg，その他 67,954 kg キロと記録されおり，1950年代前半が最も漁獲量が高く漁業が盛んであったことが推察される．しかし，その後の水質汚濁の進行に伴って，漁獲量も減少し，1953年に確認された手賀沼で生息していた魚類は46種類であったものが，最近ではコイ，ゲンゴロウブナ，ギンブナ，モツゴ，ワタカ，ハス，ハクレン，オオクチバス，ブルーギル，ウナギ，ナマズ，ドジョウ，テナガエビ，ヌマエビ，アメリカザリガニ，カラスガイなど24種類に留まっている．

　これらの魚種を漁獲するために船曳網，長袋網，刺網，張網，えび引網，押網，さで網，すだて，四手網，投網，釣，延縄，筒，うなぎ鎌など多様な漁具が用いられている．

　主要な漁獲物の中でウナギは，「アオ」または「手賀沼ウナギ」の名で，江戸前蒲焼に君臨した．1953年の調査では，コイ，ギンブナ，ゲンゴロウブナの漁獲量が多く，「ザコ」と総称するモツゴ，タナゴ類，モロコ類がこれに続いていた．ワカサギは戦前，ウナギとともに手賀沼の代表的魚類であったが，最近ではほとんどその姿を見ることができない状態である．農業を営む周辺住民の有力な副業として栄えた手賀沼の漁業も，沼の汚染により衰退傾向にある．現在，手賀沼には，手賀沼漁業協同組合と我孫子手賀沼漁業協同組合2つの漁業協同組合があり，併せて535名の組合員が登録されている．

5.4 遊漁について

手賀沼の遊漁については，手賀沼漁業協同組合直営の手賀沼フィッシングセンターにおける釣堀でニジマス，ヘラブナ，コイなどを対象に釣りを楽しむケース，千葉県内水面共同漁業権第7号（内共第7号）による手賀沼全域における遊漁（共有漁業権者は2組合）と千葉県内水面共同漁業権第15号（内共第15号）により利根川の一部における遊漁（千葉県佐原市と神崎町の境界より群馬県板倉町と埼玉県北川辺町の県境までの本流，共有漁業権者5組合）がある．

ここでは漁業権を得て行っている遊漁事業の現状について紹介する．

(1) 内共第7号による遊漁の現状

主としてフナ類を目当てに遊漁が行われていたが，永い間水質汚濁が続いたため，最近の来訪者は1965年以前の20分の1程度にまで減少している．表5.1に2003年度の月別遊漁者数を示してあるが，推定値とはいえ年間の遊漁者は2万人を越えていることが分かる．

表5.1　2003年度　手賀沼における年間遊漁者数

月	1月	2月	3月	4月	5月	6月	7月	8月	9月	10月	11月	12月	合計
人数(人)	1,000	500	1,500	3,000	3,500	2,000	2,500	2,000	1,000	1,500	1,000	2,000	20,500

遊漁料は1日500円，1年3,000円で，徴収者にはその半額を支払うシステムになっているが，遊漁者の減少と共に，監視員のなり手がなくなり，従って監視員を経由しての遊漁料収入が得られなくなってしまった．

また，千葉県内水面漁連が発行している5,000円の年券も扱っているが，県内のいずれの漁業権漁場でも利用できる遊漁券であるにもかかわらず当組合で

の発行はほとんどない．

　手賀沼には，手賀沼貸舟業協同組合という法人化した7人構成の団体があり，この団体が徴収している遊漁料がわずかに入金されているが，全体的な遊漁者の減少傾向に歯止めがかからない現状では遊漁料の増加は期待できない．

　手賀沼における漁業権魚種はコイ，フナ，ウナギ，ワカサギの4種であるが，以前はオオクチバスやブルーギルを釣る人々とのトラブルが絶えなかったが，遊漁者の減少と共に，そのようなトラブルは全く見られなくなった．

　最近，水環境に改善の兆しが認められたが（2002年度の年平均COD値は8.2 mg / l でワースト9），瞬間浄化された一種の水変わり現象がおこり，例年になく魚影が少なかったために，特にフナ種苗の放流量を多くした．しかし，コイヘルペス病発生の危険が生じたので，手賀沼，利根川とも2003年度はコイの放流を取りやめた．

(2) 内共第15号における遊漁

　利根川の一部（千葉県佐原市と神崎町の境界より群馬県板倉町と埼玉県北川辺町の県境までの本流）において共有漁業権者5組合によって展開されている遊漁であるが，とにかく利根川は河川敷を利用したゴルフ場を始め，公園施設化した場所が多く，次第に釣り場としての岸辺が少なくなっているのが現状である．また，手尾根側の堤堰はほとんど自動車通行が禁止であるのみならず，廃棄物不法投棄防止のため通行止めの箇所も多くなっているため，漁業や遊漁の利用度に影響を与えている．表5.2に関連組合が推定した2003年度の利根川における遊漁者の月別推移を示した．遊漁料は1日200円，1年2,000円であるが，当組合関係では監視員になり手が無く，遊漁料徴収額は0円である．

表5.2　2003年度　野田市，柏市，我孫子市，印西町地域の利根川の年間遊漁者数

月	1月	2月	3月	4月	5月	6月	7月	8月	9月	10月	11月	12月	合計
人数（人）	500	300	500	1,000	1,000	800	1,000	800	500	500	500	500	8,400

今まで述べたように，手賀沼における遊漁は多くの課題を抱えているものの，年間 20,000 名以上の遊漁者が訪れる以上，手賀沼の漁業に携わる者の一人として手を拱いて居るわけにもいかないという思いが強い．

─⟨6⟩─

遊漁と環境——ケーススタディ　霞ヶ浦

浜　田　篤　信
（霞ヶ浦生態系研究所）

自然・湖岸が消失した霞ヶ浦

　遊漁と環境という問題を取り上げる場合に，次の主要な 2 つの側面が考えられる．
　一つは，湖沼や河川の環境の変化が遊漁にあたえる影響であり，もう一つは，遊漁が自然環境に与える影響である．前者は，人間活動による自然環境への影響が魚類相に変化をもたらし，そのことによって遊漁に間接的に影響が及ぶ場

合である．霞ヶ浦における水資源開発事業による環境の激変が釣りの対象種であるタナゴ類資源を減少させた現象がその例である[1]．後者は，釣り糸，ワームやルアーの破棄によって引き起こされる様々な動物への被害であり，漁業の妨害などがあげられる．また，遊漁が生態系に与える影響という視点にたつと，釣り対象種の放流が固有種の資源や魚類群集が影響を受け，固有の生態系が危機的状況に陥るといった場合がある．オオクチバスの放流によって在来種が危機的状況に追い込まれる琵琶湖がその代表的な例である[2]．

　上記の「遊漁と環境」に関する3側面はいずれも早急に解決しなければならない深刻な社会問題である．それぞれについて解決のための努力が続けられてはいるが，一度，破壊された環境や生物群集の再生は困難を極めている．「遊漁と環境」というテーマは，以上のように重要な内容を包含するので，それぞれについての対応が必要であるが，本章では霞ヶ浦を例に遊漁と環境の関係をとりあげる．

6.1 霞ヶ浦の釣り今昔

(1) タンパク源確保のための釣り（1960年以前）

　霞ヶ浦の釣りの歴史は，当然のことながら，縄文時代にまで遡ることができる．以後，淡水化が始まる16世紀末期までは，主に海魚を対象にタンパク源確保のための釣りが存在していた．江戸時代に入ると内湾から汽水湖へと推移し，生息する魚類もワカサギやコイ・フナを中心とする淡水魚が中心となったが，タンパク源確保を目的とする釣りは，第2次世界大戦中から戦後にまで及んだ．釣りも効率を重視した「置きバリ」や「延縄」などが盛んに行われた．置きバリでウナギやナマズをとることはこどもたちの仕事であり，小遣い稼ぎにもなった[3]．フナ類，ニゴイ，カムルチーなども盛んに釣られ食用とされた．学校給食導入などのアグリビジネス戦略によってわが国に欧米風食生活が定着

するようになるとタンパク供給源は魚類から肉類へと推移し，高度経済成長期に入ると釣りの目的もレジャーへと移っていく．

(2) フナの時代（1960年〜1975年）

釣りがタンパク源確保からレジャーへと推移し始めるのは1960年中頃からである．古くから人気のあったフナ釣りが，この時期に人気の高かった釣りである．資源動向を見ると1960年頃から増え始めるのでフナ釣りの面白さに加えて，資源が増加し始める状態がフナ釣りの人気に一役買ったとみることができる．特に，大型のヘラブナが増えた北浦や横利根川付近では，釣り舟店や釣り宿も増え活気を呈した．

当時，なお盛んであった「おだ漁業」が行われる湾入部では，コイ・フナを蝟集させるために設置される魚巣の周りが釣り場として好評を博していた．特に，アカムシを餌とする冬季の釣りは「おだ周りの寒ブナ釣り」として人気が高く霞ヶ浦の風物詩であった．

産卵期には，流入河川とその支流の細流にはフナが群をなして遡上し，万人の釣り場として賑わった．

フナ類の資源量は図6.1から明らかなように1980年を境に減少に転じる．このためおだ周りの寒ブナ釣りや産卵期の細流でのこぶな釣りは姿を消して行く．

フナ類の資源減少の原因については霞ヶ浦の水資源開発事業の一環として進められたコンクリート護岸建設にともなう自然湖岸，特に水生植物群落の減少によって産卵場や稚仔魚の生育の場が失われたことが最大の原因と考えられている．

(3) コイの隆盛（1980年〜）

コイ釣りは「一日一寸」といわれたように，10日通ってやっと1尾釣れる

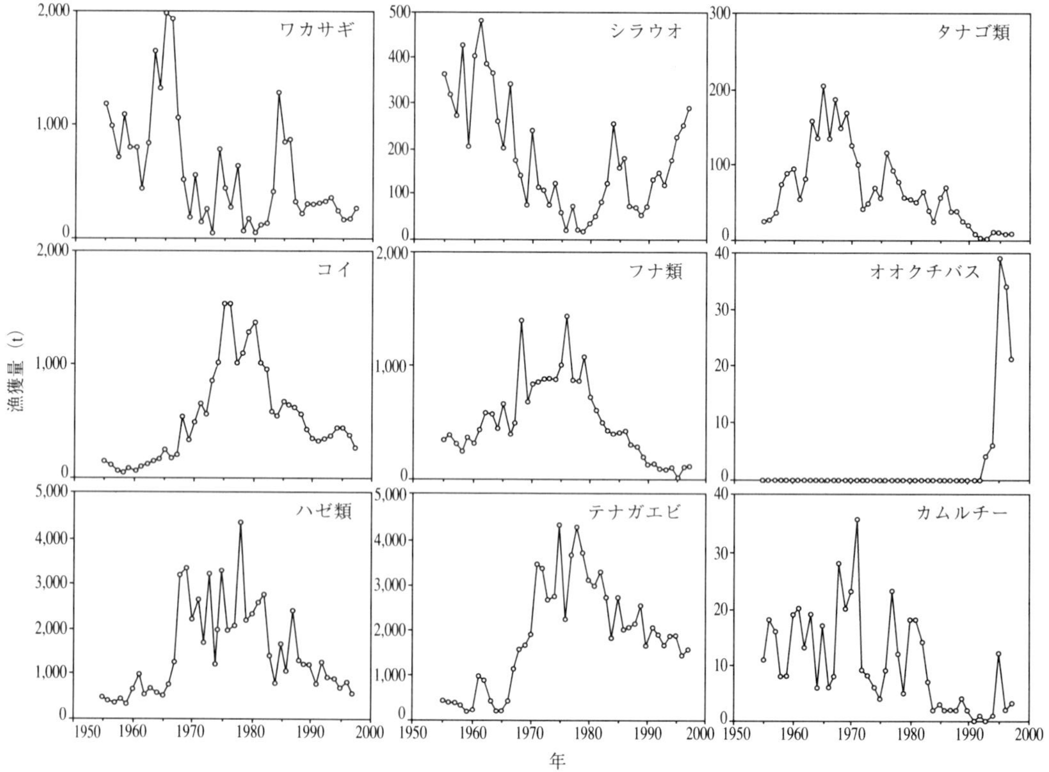

図 6.1 霞ヶ浦の漁獲量の推移

(1) 魚類別

96 ─────── 6. 遊漁と環境 ── ケーススタディ　霞ヶ浦

程釣果が少なかった．コイの資源が少なく，貴重な魚であったからである．図6.1 の漁獲量の推移をみると 1960 年以前には年間の漁獲量が 400 t 以下の水準にあるが，以後急激に上昇している．この資源水準の急上昇の原因の一つは，霞ヶ浦の富栄養化の進行と考えられる[4]．コイの漁獲量が最大に達するのは 1970 年～85 年の間である．この期間は霞ヶ浦でミクロキスチスやアナベナなどの藍藻類の増殖が活発であった時代で夏季には透明度が 20～40 cm に低下した．このことによってコイの餌となるデトリタス（植物プランクトンの枯死した状態の有機物）や底生動物が豊富に生産され資源量が増大した．また，この期間にはテナガエビ，ハゼ類の資源水準も急上昇したが，これとは対照的にワカサギ・シラウオ資源の急降下を招いている．

以上のような環境変化があって，「一日一寸コイ」から「一日数尾」の状態が出現し，コイ釣り人気は急激に高まった．さらに，1965 年から数年にわたって国庫補助事業としてコイの網生簀養殖漁場が湖内各地に造成され，その周辺が絶好の釣り場となりコイ釣りブームに拍車をかけた．変動はあるが，以後，コイ釣り人気は絶えることなく続いている．一時的にはバス釣りがコイを凌駕したこともあるが，2002 年以降にはコイ釣りがバス人気を上回っている．資源量をみるとかつての高水準状態にはほど遠いが，食用として流通しているコイは養殖ものであり，天然産のコイへの漁獲圧が低下している．このことによって 1 m 前後の大型のコイをねらった釣りに人気が集中するようになった．コイは，淡水魚の中では成長が最も速く，最適の条件を与えれば孵化から 348 日で 8.3 kg に達する能力を有しており[5]，漁獲圧が低下している現在，大型のコイが比較的高密度に生息している．コイ釣りの最大の魅力は格闘性にある．釣果でみるとコイの釣り場としての霞ヶ浦の評価は全国第 1 位であり，関東近県を中心に県外からの釣り人が大半を占めている．また，コイ同様に大型となるコイ科のハクレン・アオウオにも根強い人気があり，大型連休を利用するなどして巨大魚釣りを楽しむ釣り人が見られる．

(4) バス・フィッシング (1990年～2001年)

　霞ヶ浦でオオクチバスが確認されるようになったのは1975年頃で，増え始めたのは1992年頃からである．生息密度は1995年にピークに達し，漁獲量も38 t に達したが，その後は減少に転じている．霞ヶ浦でバス・フィッシングが活発になるのは1990年に入ってからで，最も盛んであった期間は1995年頃から2000年の約5年間である．この期間には，釣り人全体の6～7割がバッサーで占められ，休日にはその数は数千に達したが，その後は減少傾向にあって現在では全体の10%を占める程度である．バスを対象とする釣り人の多くは東京・埼玉・群馬・栃木からの釣り人でこれに地元の青少年層が加わる（表6.1）．

表6.1　霞ヶ浦における釣り対象魚種の推移（釣り全体に占める各魚種の比率%）

調査年月日	調査総数	コイ	フナ	タナゴ	バス	ボラ	ワカサギ	その他	調査区間
1996 7.01	620	24.2	1.9	0	58.1	3.2	5.2	7.4	高浜～玉造
1997 7.27	437	12.1	2.7	0	65.2	8.0	4.1	7.9	高浜～玉造
2002 7.21	872	56.0	11.2	2.8	21.1	4.8	0	4.1	霞ヶ浦全域
2003 6.25	33	24.2	36.4	6.1	6.1	18.2	0	9.0	霞ヶ浦町～土浦
2003 7.18	43	30.2	20.1	11.6	7.0	18.6	0	12.5	高浜～玉造
2003 8.03	138	25.4	13.0	26.8	10.1	8.7	0	16.0	高浜～玉造

　また，霞ヶ浦周辺台地の数多くの農業用溜池にも密かにオオクチバスとブルーギルが放流されて繁殖しており，ここにもバッサーが散見される．

　以上のようにオオクチバスを対象とする釣り人の増加は，当初は，釣り業界のテレビなどによる広報活動によるところが大きかったが，定着した後の釣り人数はオオクチバスの生息密度に比例して変動しているように思われる．バスの減少によって霞ヶ浦でルアー釣りを楽しめなくなった現在，同傾向の仕掛けで楽しめるスズキやヒラメを求めて涸沼・那珂川河口，鹿島灘方面に向かう傾向がうかがえる．

　オオクチバスは1992年頃から数年にわたって爆発的に生息密度を増やした

が，その後減衰の一途を辿っている．その原因については在来種やブルーギルとの間の種間競争，オオクチバスに内在する密度効果などの仮説が提唱されているが解明には至っていない．

(5) タナゴの復活

タナゴ釣りは，大正末期から昭和初期にかけて盛んに行われていたようである[6]が，1945年以降についてみると1950年代後半から1960年代中頃に盛んであった．特に，霞ヶ浦に流入する河川の河口付近でタナゴ釣りを楽しむ釣り人が多く，束単位での釣果が期待できた．1980年頃からはタナゴ類の資源水準が低下したこともあって[4]低調であったが，1998年頃から北浦や外浪逆浦でアカヒレタビラが増え始め，タナゴ釣りを楽しむ釣り人が増えた．その後，霞ヶ浦でもタナゴ釣りが盛んになり2003年に入ってからはバスやコイを凌ぐ程の好況を呈している．冬季から初夏にかけては，各地の船溜まりなどの静穏な場所が釣り場となるが，夏季以降になると釣り場は沿岸へと移動する．特に，消波を目的に行われた捨て石やかごマット近傍の静穏な水域が釣り場となっている．タナゴの楽しみは対象種の美しさにあるが，高価なカネヒラが増えたことも要因となっている．また，短い竿で狭い空間に身を寄せ合うように釣りを楽しむところから地域の釣り愛好家にとっては社交の場でもある．また，関東近県の都市部からの釣り人にとっては自然景観を備えた釣り場の空間が癒しの役割を果たしている点も見逃せない．

タナゴ釣り復活は，資源が回復しつつあることが原因ではないかと考えられる．統計的情報ではないが，2003年7〜8月にタナゴ類の稚魚がかつてない程の高密度で生息しているのが霞ヶ浦各地で確認されており，資源が1998年頃のどん底の状態から回復傾向にあるのではないかと推察される．タナゴ類の資源に影響を与える最大の要因は産卵床となる二枚貝類の分布状態である．1996年の二枚貝類の分布調査[7]によれば，ドブガイ，イシガイおよびマシジミが霞

ヶ浦では，湾入部でわずかにみられるが湖心部に面した沿岸では皆無に近い状態にある．上記3種以外にもカラスガイおよびイケチョウガイの二枚貝類が生息しており，カラスガイは1988年まで漁業の対象となっていたが，その後，極端に生息密度が低下し前述の状態に陥っていた．1996年頃からイシガイやマシジミの生息が霞ヶ浦でも確認されるようになっており，わずかではあるが二枚貝類の資源に回復の兆しが見られている．生息密度が低下した原因として富栄養化の進行による餌料条件の劣化[8]，底層の低酸素状態の定着およびコンクリート護岸建設による自然湖岸の消失があげられる[9]ので，これらの条件が緩和される方向にあるものと考えることができる．自然湖岸の再生については国土交通省および市民団体によって消波施設の設置が推進されている[10]．その成果は今後の調査を待たなくてはならないが，消波施設の設置によって出現した静穏域に二枚貝類やタナゴ類の分布が確認されるところから，その影響もあるのではないかと考えられる．

(6) その他の釣り
ワカサギ
　霞ヶ浦では7月から9月にかけて流入河川の河口付近で盛んであったが，ワカサギ資源の減少が激しい1998年以降ほとんど釣りが行われていない．ワカサギ資源の急激な減少については孵化直後の餌料不足が大きな要因であるが，その原因は富栄養化の進行と霞ヶ浦のダム化（常陸川水門とコンクリート護岸建設）とされている[11]．
　一方，北浦では現在もワカサギ釣りが行われており，特に，北浦上流域では現在でも活況を呈している．
ペヘレイ
　1988年に初めて霞ヶ浦で確認された南米産外来魚であるが，1994年頃から急激に個体数を増やし，1999年にはワカサギ漁業の約半数が本種で占められ

る程になっていた．その後，減少に転じ最近は希に見られる程度である．ペヘレイを対象とする釣りは1995年頃から2000年頃に盛んに行われていたが，個体数が減少した現在では影を潜めている．

アメリカナマズ

オオクチバス，ブルーギル，ペヘレイに続いて登場した外来魚で1996年頃から急増し2002年にはピークに達し，現在ではブルーギルを凌ぐほどの増殖ぶりである．こうした状況を反映してアメリカナマズをねらう釣り人も現れている．多くは1～2 kgであるが5 kgを越える大物も希ではない．2004年には大繁殖し，今後の動向に関心が高まっている．

ハ　ス

国内産外来魚で1994年頃から急激に増え，多くの流入河川で優占種となっている．本種は湖と流入河川を往き来しているが，産卵期になると群をなして河川に遡上するが，それをねらったフライ・フィッシングも最近盛んになりつつある．

6.2　釣り動向を左右する要因

以上，霞ヶ浦における釣りの推移を筆者の観察を中心に釣り愛好家からの聞き取り調査を通して歴史的に紹介したが，釣りは季節や地域によって変動するものであるから正確さに欠けるかもしれない．しかしながら，なぜ，釣り人が特定の魚種を選択して釣りに向かうのかという疑問について解明を進めていくために上記の歴史的過程を単純化して表6.2にまとめた．

（1）対象種の魅力

釣りの対象となっている魚は何らかの魅力を備えている．表6.2で上位にある魚種の特徴は以下の通りである．

表6.2 霞ヶ浦北浦における釣り動向の推移

釣り順位	1950	1960	1970	1980	1990	1995	2000	2002	2003
1	フナ	フナ	フナ	コイ	コイ	オオクチバス	オオクチバス	コイ	タナゴ
2	コイ	コイ	コイ	フナ	オオクチバス	コイ	コイ	オオクチバス	コイ
3	ニゴイ	タナゴ	タナゴ	ワカサギ	ボラ	ボラ	フナ	ボラ	フナ
4	カムルチー	ヒガイ	ヒガイ	ヒガイ	フナ	フナ	ボラ	フナ	オオクチバス
5	タナゴ	ニゴイ	ニゴイ	タナゴ	ワカサギ	ワカサギ	タナゴ	タナゴ	ボラ
主な漁業種	ワカサギ	ワカサギ	ハゼ・エビ類	ハゼ・エビ類	ハゼ・エビ類	ハゼ・エビ類	シラウオ・エビ	シラウオ・エビ	シラウオ
優占種	ワカサギ	ワカサギ	ハゼ類	ハゼ類	ブルーギル	ブルーギル・ボラ	ボラ・シラウオ	ボラ・シラウオ	ボラ・シラウオ

順位等は,聞き取り調査による

大きさ

　生息密度は高いが釣りの対象となっていないのは重要な漁業対象種のハゼ類（ヌマチチブ，ウキゴリなど）である．食用とする場合には漁獲効率の高いさで網などの網が用いられ釣りの対象とはならなかった．同様に，生息密度は高いが釣りの対象となっていないものにシラウオとモツゴがある．これらの種も食用とする程に採集するには釣りは不適であり，釣り以外のより効果的方法に依存したためと考えられる．逆に，大型の魚の場合には，小型の網では捕獲が困難で釣りが最適であったという歴史的過程が考えられる．したがって，釣りを左右する条件の中でサイズが重要となったものと考えられる．

　コイは在来淡水魚の中で最も成長が速く1mを越える大型魚をつり上げる醍醐味を備えている．表6.2に示したようにコイが人気を維持し続けている大きな要因である．コイ同様，あるいはそれ以上に大型となるアオウオやハクレンは，生息密度はコイに遙かに劣るが全国各地から霞ヶ浦や利根川に釣り人が集まっている．

　2000年頃から盛んになったアメリカナマズの人気も大きさ故と見られる．

美味しさ

　食料事情が逼迫した 1955 年以前には，美味しさというよりはタンパク確保のための釣果が期待された．この場合には，質よりは量であり，生息密度が高くしかも比較的大型で容易に釣ることができるフナ，ニゴイ，ボラ，古くはカムルチーやナマズが好まれた．食糧難が解消された 1960 年以降はワカサギ，コイ，ヒガイ，ボラ，ペヘレイが食卓に上がった種である．釣り対象種の食用としての魅力は消え失せつつあるがワカサギ，ヒガイやボラについては，なお，根強い人気がある．

美しさ

　タナゴ類がその代表種である．タナゴ類は，アカヒレタビラ，タナゴ，カネヒラが対象となっているが，ゼニタナゴとヤリタナゴは，釣りの対象となる程には資源が回復していない．こうした状況の中で，大型で高価なカネヒラが特に人気を集めている．同じ大型タナゴ類であっても外観が劣るオオタナゴは避けられている．

(2) 生息密度

　釣り対象種の有する魅力がどんなに大きくても生息密度が小さく釣果が期待できない場合には釣りの対象種とはなり得ない．その限界は 1 日当たり数尾であろう．その例は外来魚のオオクチバスに見られる．生息密度が高い 1995 年から 1997 年の間は，広報活動の影響もあって表 6.2 に示したように上位にあるが，生息密度が低下した現在では，釣り人総数の 10%以下に低下している．このバッサー数の減衰傾向は，前述したようにオオクチバスの生息密度の低下に比例している．また，この 10%を占める釣り人も県外からの釣り人および地元の小中学生が中心であり，現地の釣り情報というよりは，釣り業界からの情報をたよりにする釣り人で占められる傾向が見て取れる．

　タナゴ類についても，魅力を備えた種であるにもかかわらず生息密度がある

水準以下の場合には釣りの対象となっていなかったが，生息密度が高まると生息密度の高い水域から釣りが復活してきている．

以上，オオクチバスおよびタナゴ類の例をあげ生息密度が決定的に重要な要因であることを示した．外来魚ではあるが，ペヘレイやアメリカナマズについても生息密度がある水準以上に達するとその種にみあった仕掛けを工夫して挑戦する釣り人が出現している．この挑戦を支える原動力は，好奇心であり太古の時代から引き継がれてきた狩猟本能といえるだろう．

（3）広報活動

ブラックバス・ブームに代表されるように，テレビを中心とする広報の影響も大きなものがある．その例は，前述したように生息密度の低下を反映して釣果はほとんど期待できない状態にあるにも関わらず県外や小中学生を中心とするバッサーが釣り人総数の 10％ を占めるという現実からもうかがうことができる．

これに対しタナゴ類が 2003 年に入って第 1 位に躍り出た背景には，生息密度の上昇もあるがタナゴ釣りの地道な広報活動が行われていることも見逃せない．生物多様性確保という観点からブラックバス釣りの普及を懸念する沿岸住民は多いが，そうした中から伝統的な釣りを若い世代に伝えようとする運動も始められている．水槽中のタナゴを使って釣りを伝授し，同時に生態系保全や伝統文化の大切さを広報使用とする運動である（石岡の自然を守る会，代表飯田農夫男氏）．

6.3　遊漁対策としての生態系保全

（1）遊漁と漁業の共存

釣り動向を左右する条件の一つは魚が有する魅力であり，もう一つは釣果，

すなわち生息密度であることが霞ヶ浦の釣りを概観することによって明らかになった．生息密度の維持は，とりもなおさず釣り対象種の資源管理である．ここで問題となるのが，釣り対象種としてどのような種を選択すべきかという問題である．霞ヶ浦では前述のように最近外来魚が急増し，それらが漁業対象種となってきた．オオクチバスやアメリカナマズは沿岸を生息の場とするのでフナ類，コイ，タナゴ類などの在来種と競合関係にあり，魚食魚であるので両者の共存は考えられない．ペヘレイは沖合を生活の場とし，稚魚期は動物プランクトン食性であるが成長するにしたがってシラウオやワカサギを捕食するようになる．こうした観点からワカサギとペヘレイの共存も困難と考えられる．したがって沿岸および沖合において在来種と外来種の二者択一を迫られる．

霞ヶ浦では様々な魚種が移植放流されてきた．そして最近では，外来魚の捕食圧や餌の競合によって在来種で構成された生態系が破壊され漁業が危機的状況に追い込まれている．霞ヶ浦の漁業や津（漁村）の歴史は平安時代末期にまで遡ることができる[12]．江戸時代の「霞ヶ浦四十八津の時代」を経て，1000年にわたって「津」で育まれた文化・産業が今に継承されてきた．在来種の釣りもそうした歴史を経て今に引き継がれた地域の文化である．霞ヶ浦に固有の生態系，その生態系を基盤に発達した産業・文化を継承することが地域の使命であるが，それは国際法「生物多様性条約」の理念でもある．したがって，遊漁を目的とする資源管理は，特定の種を放流して釣り対象種の生息密度を高めることではなく，霞ヶ浦に固有の環境を再生・保全し，その環境に見合った魚類群集を再生することである．

（2）生態系の再生

霞ヶ浦で在来種のフナ類やタナゴ類が減少した原因の一つは外来魚による捕食圧であるが，外来魚が爆発的に繁殖する条件としては，在来種の生息密度の低下がある．霞ヶ浦はわが国で最も漁業が盛んな富栄養湖であり，最盛期には

漁獲量は約2万tに達した．湖面積が220 km^{2}であるから，在来種の生息密度は約100 g/m^{2}に達していたことになる．こうした状態にあっては，外来魚が移植放流されたとしても在来種の捕食圧によって移植された外来魚の増殖が抑制される．しかし，在来種の生息密度が低下し始めると外来魚の卵や稚仔魚への捕食圧が低下し，外来魚の爆発的な増殖を許すことになる．霞ヶ浦では水資源開発事業の一環としてコンクリート護岸が建設され水生植物群落や砂浜からなる自然湖岸が失われた．在来種の産卵場は，水生植物内や沿岸浅所であるが，それらが失われたことが在来種の生息密度を低下させたことの原因であるとみられている[13]．したがって，釣り対象種の生息密度を好ましい状態に維持するためには，外来魚の駆除や法の整備による規制に加えて失われた湖岸の自然や過度に進んだ富栄養化の状態を解消することが必要である．そのことによって適度な釣果と釣り空間のアメニティーが確保されるが，それは同時に霞ヶ浦再生という流域住民の願いでもある．

文　献

1) 浜田篤信（2001）：タナゴ類資源に及ぼす開発事業の影響，霞ヶ浦研究，10，41-48．
2) 中井克樹・浜端悦治（2002）：琵琶湖―外来種に席巻される古代湖，外来種ハンドブック（日本生態学会編），265-268．
3) 桜井謙治（1995）：漁師はやめられないね，佐賀純一著「霞ヶ浦風土記」．常陽新聞社から引用．
4) 浜田篤信（1985）：霞ヶ浦における富栄養化の進行と漁業，環境情報科学，14，8-14．
5) 熊丸敦郎（1996）：カスミヤマトコイにおける雌雄の成長差について，茨城県内水面水産試験場報告，32，43-49．
6) 保立俊一（2001）：タナゴの利用．霞ヶ浦流域に取り込まれた江戸文化，霞ヶ浦研究，10，14．
7) 沼澤　篤・大久保祐司・萩原富司・浜田篤信（1997）：霞ヶ浦・北浦における貝類調査報告，霞ヶ浦研究，6・7，97-105．
8) 柳田洋一・外岡健夫（1991）：淡水二枚貝類の生育環境条件にって，茨城県内水面水産試験場報告，27，98-123．
9) 浜田篤信（2001）：霞ヶ浦の湖岸修復と生態系復元，水環境学会誌，24，645-651．
10) 木村龍男（2003）：霞ヶ浦植生帯再生への実験，技術と人間，7，56-66．
11) 熊丸敦郎（2003）：霞ヶ浦における近年のワカサギ資源変動要因について，茨城県内水面水産

試験場報告, **38**, 1-18.
12) 網野善彦 (1984)：日本中世の非農民と天皇, 岩波書店, 366-391.
13) 浜田篤信 (2000)：霞ヶ浦はなぜ外来魚に占拠されたか, 生物科学, **52**, 7-16.

7

水産資源の持続的管理 —— ケーススタディ・芦ノ湖

橘 川 宗 彦

(芦之湖漁業協同組合)

富士山と名鏡 芦ノ湖

7.1 芦ノ湖の概要

芦ノ湖は神奈川県西部の箱根町に位置し,箱根火山のカルデラ内にできた火口原湖である.標高は海抜 723.2 m で,周囲は 19.91 km,面積が 709 ha の南

北に細長い瓢箪型をした湖である．最深部は 43.5 m，平均水深は約 25 m とされている．流入する河川は 14 本あり，降雨時以外ではその水量は少なく，ほとんどの水源は湧水と降雨によると考えられる．また流出する河川は，湖の北西部にある湖尻湾の深良水門から流れ出る箱根用水（1666 年完成）で，その他に，増水時のみ早川に放水される湖尻水門がある．

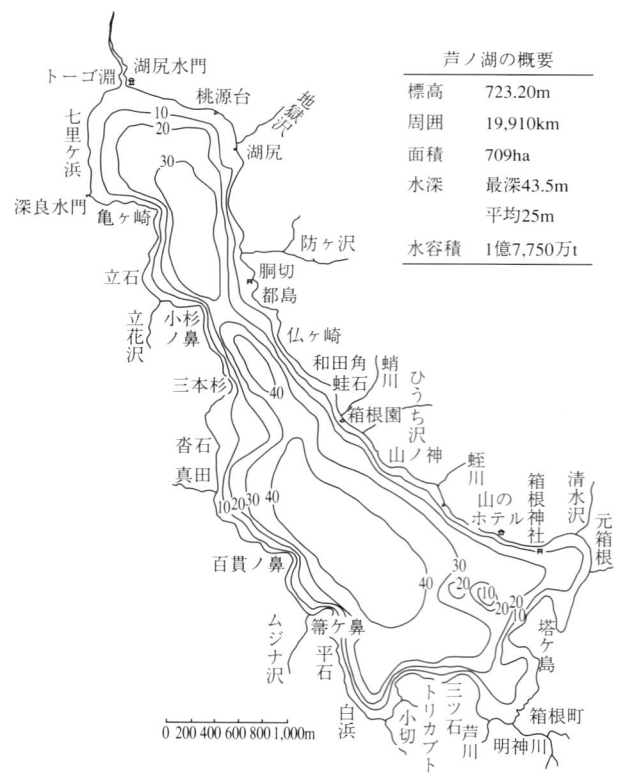

芦ノ湖の概要	
標高	723.20m
周囲	19,910km
面積	709ha
水深	最深43.5m
	平均25m
水容積	1億7,750万t

資料：箱根町集団施設地区計画調査報告書（1970）より作成

図 7.1　芦ノ湖の概略図および概要

水温は冬期表層で4℃以下に下がることがあるが，全面結氷することはないので湖沼学的には熱帯湖に属している．夏期には表層水温が27℃以上になることもあるが，水深12～15 mのところに水温躍層が形成され，低層水では，10℃以下の水温となる．このような湖水の性状を利用して冷水性魚類のサケ・マス類や温水性魚類のコイ・フナなどが共に生息している．

　芦ノ湖の水質はかつて透明度が16 m（1932年以前）もあり貧栄養湖とされていた．1936年に箱根町が国立公園に指定されて以来，周辺のホテル，保養所，飲食店などの観光施設整備も進んだ．国際観光地として年間2,000万人以上もの多くの観光客が訪れるようになり，次第に観光廃水や生活雑廃水による汚染が進み，芦ノ湖は富栄養化してきた．とくに1960年を境にして水質汚濁が著しく進行し，透明度も最低2 mまでに低下した．また，プランクトンの異常発生により引き起こされる赤潮現象や，夏季以降に低層水の無酸素水塊が拡大し，冷水魚の生息に影響がたびたび見られるようになってきた．

　芦ノ湖は，1973年に環境庁が定めた水質環境基準によると湖沼AA類型水域に指定されている．湖底に溜まったヘドロをバクテリアが分解するときに多量の酸素を消費することから，COD値については経年的に基準値を上まわる状態が続いている．

　1985年に供用が開始された芦ノ湖周辺公共下水道事業により，芦ノ湖に流入する汚染源となっていた各雑廃水の量は大幅に減少し，近年回復の兆しが見えてきた．

　このような湖の物理的・科学的性状をふまえ，芦ノ湖では古くから魚族の増殖や移植放流が行なわれてきた[1]．

7.2　魚類の増殖と遊漁の歴史

　芦ノ湖にはもともと在来魚種が少なく，ウグイやヤマメ（アマゴ）のほかコ

イ，ナマズ，ウナギ，ウキゴリ，ヨシノボリなどが棲息していたとされている．1879年，わが国では琵琶湖に次ぐ2番目に古い歴史とされる陸封型サケ・マス類の孵化場が内務省励農局により芦ノ湖畔に建てられ，翌年の1880年からホンマスとサケをあわせて6万2,000尾が孵化放流された．この事業は僅か2年で中止されてしまったが，1888年皇室の御料局（後の帝室林野局）に引き継がれて再開された．そして日光中禅寺湖からホンマス，イワナの卵を，北海道茂辺地川からサケの卵を移植し孵化放流した．このうちホンマス，イワナは，放流して5年目に湖から親魚が採捕されるようになった．1894年までの7年間にホンマス，イワナの稚魚合わせて約15万9,000尾が放流された．この事業の再開で，これらの魚が多く漁獲されるようになり，1894年湖畔の村人達で箱根湖漁業組合を設立し，御料局から増殖事業を受け継いだ．この時設立された組合が，現在の芦之湖漁業協同組合の歴史の第一歩となった．

その後，組合による稚魚の放流は1907年まで継続され，毎年ホンマスの稚魚4万尾から6万尾が芦ノ湖に放流された．しかし期待したほど魚が獲れず，1905年頃から漁業組合は経営不振となり，事業を神奈川県が引き継いだ．このことを知った帝室林野管理局は，組合に漁業権の返還を求め，再び同局の手で芦ノ湖での増殖事業が行われるようになった．この時，箱根湾明神川左岸に事務所を置き，その中流に200万粒の卵を収容できる孵化施設をつくった．1907年から5年間はホンマスの放流に力を入れ，琵琶湖と北海道西別川産の卵を毎年20万粒から100万粒も移入して孵化放流してきた．その結果，のちに毎年10万粒程の卵が芦ノ湖産親魚から採卵されるまでになった．

さらに，1909年からは増殖の主体をヒメマスに変更し，十和田湖や支笏湖から卵を入れた．放流して4年目からは毎年10万粒程の卵が採れるようになったが，それでも卵の移入を続け1920年に同局が事業を打ち切るまでの12年間，毎年60万粒ものヒメマス卵を孵化放流し続けた．これによって，芦ノ湖は「ヒメマスの湖」として，十和田湖や支笏湖とともに知られるようになった．

表7.1 芦ノ湖の魚族とその起源

分類	魚種	在来種	移植放流種 国内種	移植放流種 国外種	移植混入種	その他混入種	移植混入時期(年)
サケ科	サケ(シロザケ)		×				1880
	ベニマス		×				1928
	ヒメマス		◎				1909
	ホンマス		◎				1880
	ヤマメ	△	◎				1975
	ビワマス		×				1907
	アマゴ	△	◎				1985
	イワナ		×		◎		1889
	カワマス			×			1928
	ニジマス			◎			1910
	ブラウントラウト			◎			1972
コイ科	コイ	△	◎				1938
	キンブナ				△		
	ギンブナ		◎				1940
	ゲンゴロウブナ		◎				1967
	タイリクバラタナゴ				×		1977
	ヒガイ				△		
	モツゴ				△		
	ウグイ	△	◎				1981
	アブラハヤ				△	△	
	オイカワ				△◎		1977
ドジョウ科	ドジョウ				△	△	
ナマズ科	ナマズ	△			△		
ウナギ科	ウナギ	△	×			△	1919
サンフィッシュ科	オオクチバス		◎				1925
	ブルーギル				◎	△	1984
ハゼ科	ウキゴリ	△					
	ヨシノボリ	△					
	ヌマチチブ					△	
アユ科	アユ		×				1940
キュウリウオ科	ワカサギ		◎				1918
トウゴロウイワシ科	ペヘレイ			◎			1974

注:◎過去に記録があり現在も生息あり.×過去に記録はがあるが現在は生息なし.△記録はないが想定される.
資料:芦之湖漁業協同組合資料により作成.

帝室林野管理局は1909年に「箱根湖舟艇取締規則」と「箱根湖遊漁者心得」を定め，一般の人が舟を借りて釣りができるようになった．これも，芦ノ湖における遊漁の歴史の第一歩と言える．当時の遊漁料は半日30銭，1日50銭と記してあり，貸し舟料は和船が半日で50銭，1日1円．当時としてはかなり高額な料金だったと推測される．一部の上流階級の人々による利用が主で，庶民にはなかなか手のでない遊びだったと思われる．

　1910年にはニジマスが初めて放流されたが，本格的に放流が続けられるようになったのは，それから後の1969年からである．また，1918年からワカサギ卵の放流が始まり，1927年には箱根振興会（箱根町観光協会の前身）が120万粒のワカサギ卵を放流した．その後も放流が続けられ，1955年からは初漁によるワカサギが宮内庁に献上されるようになった．現在もワカサギ刺網漁解禁の行事として，箱根神社を通じて献上されている．

　また唯一，湖での漁獲物を採捕しているワカサギ刺網業者により漁獲されたワカサギは現在では漁業組合に集荷され，その多くは地元で流通消費されている．

　同局では1919，1920年に富士川産のウナギの稚魚1万2,000尾余りを放流するなど芦ノ湖の増殖に力を入れたが大きな成果を上げられず，1921年10月限りでこの増殖事業を止め，その施設は一時東京帝国大学淡水魚研究所として使われた．

　実はこの施設があることにより，ブラックバスを日本で初めて芦ノ湖に移植するきっかけとなった．1925年赤星鉄馬氏は，この魚に日本の釣りの将来を託してカリフォルニアから移植し，帝国大学農学部 雨宮育作教授の指導のもとで芦ノ湖に放流した[2]．

　現在ブラックバスは日本各地で話題となり，外来魚の代表として害魚論争まで起こっているが，芦ノ湖では，この魚なくして遊漁の歴史を語れぬ程，重要な役割を果してきた．同時に，これからも保護していかなければならない魚で

ある.

さて,この間,1923年芦ノ湖は再び皇室財産から神奈川県に移管された.1928年,芦ノ湖畔と仙石原に淡水魚の養殖場を建設し,マス類の増殖に力を入れ,ホンマス,ヒメマス,ベニマス,カワマス合わせて51万2,000尾の稚魚を放流している[3].

その後,1927年箱根漁業組合を設立し,芦ノ湖の専用漁業権を農林大臣に申請したが,ブラックバスの専用漁業権が認められず,1936年になってブラックバス漁の出願を取り下げることでようやく認可された.

しかし,太平洋戦争が激化し,1943年神奈川県の養殖場は閉鎖されてしまった.政府は同年水産業団体法を制定.これにより1944年箱根漁業組合は解散を命ぜられ,戦争協力のために箱根漁業会が生まれた.ここに至るまでに組合はヒメマス,ホンマスだけでも124万尾の稚魚を放流.1938年からはコイ,フナ,アユの試験放流も行ってきている.

戦後の芦ノ湖の漁業を復活させるため,湖畔の人たち131名によって1949年芦之湖漁業協同組合が設立された.さらに1951年新漁業法の制定により共同漁業権を申請,このとき初めてブラックバス漁が認可された.

増殖事業としては,すでに組合で1943年養殖池を作っていたが,更に1960年神奈川県と箱根町の助成により30万尾のマスの孵化場を建設した.

1969年以降,組合の経営方針は遊漁者を対象とした観光漁業に切りかえられ,ニジマスの放流に力を入れるようになった.当時ニジマスの成魚放流は1,000 kg未満で,遊漁者も6,000人余りだったが,10年後の1979年には放流も22 t余りに増加し,遊漁者も8万人を超えた.釣り方も,一般的な餌釣りからルアー・フライフィッシングへと変化した.

対象魚もニジマス,ブラックバスに新たにブラウントラウトが加わった.1972年,箱根町の姉妹公園であるカナダのジャスパー国立公園からブラウントラウトの稚魚が寄贈され,芦ノ湖に記念放流された.この魚は成長が早く,

大きいものでは 70 cm ほどの大型魚が芦ノ湖で釣れるようになり，遊漁者の増加に拍車をかけた．

1974 年から 4 年間は，神奈川県淡水魚増殖試験場の援助によりペヘレイの稚魚 2 万 7,500 尾が放流されたが，その後成果が見えず放流は中止された．

江戸時代から芦ノ湖の名魚として知られたウグイも，昭和50年代からオイカワの増加とともににに駆逐され，激減したために，1981年から毎年10万尾の稚魚を栃木県内から移入し放流するようになった．ウグイはもともと，産卵期になると，オレンジ色とクロ色の縦縞が色鮮やかに腹部にでてくるため，地元では「アカッパラ」と呼ばれ，古くから親しまれていた．

昔の記述や地元の古老から聞いた話によると，芦ノ湖では 4 月の終わりから 5 月の節句の頃，元箱根の箱根神社下で「清水」と呼ばれている付近の岩場の間から湧水が出ている場所に，ウグイの親魚が産卵に集まった．それも足元が魚で見えなくなるほどだったという．ちょうど南西の風が強く元箱根湾に吹き込み，湖が荒れ模様となり，家にいても湖水を渡ってくる風が生臭く感じられることから，この時期の嵐を「アカッパラジケ」と呼んでいた．

毎年この時期がくると，村人達はこぞって湖におり，子供たちも学校は臨時休業として親の手伝いをしたという．湖では男衆が魚を「ざる」ですくい上げ，ある者は猫のように素手で岸にすくい投げた．岸辺で跳ねる魚を，子供や女衆が拾い集めて家まで運び，竹串を口から刺した魚を囲炉裏に並べ，素焼きにし保存した．当時その乾物は煮びだしにして食べられ，地元の土産店の軒先に吊るされた藁棒に弁慶ざしにして売られていた．また山裾の村まで行商にでかけ農産物と交換をしていたという．当時の湖水周辺で生活していた人々の様子がうかがえる．

時代は戻り，その後ヒメマスについては，IHN 症などの防疫対策で他から卵が入らなくなり，暫く放流を止めていたが，昭和49年度内水面総合振興対策事業の指定を受け，新たにマス類の孵化場として 40 万粒の孵化育成が出来

る施設が完成した．1978年からは10万粒から40万粒のヒメマス卵を移入し，孵化放流し続けヒメマスの資源は復活した．

1993年には放流量もマス類だけでも77t余りに増え，遊漁者の数も11万から12万人に達しようとしていた．魚種もアマゴ，イワナ，ギンザケと多彩になった．組合ではこの年，旧孵化施設に代わるべく国・県・町の補助金で芦ノ湖の将来に向けて生産拠点となる種苗生産供給施設を新設し，ワカサギ卵の孵化放流やヒメマス，ブラウントラウトの種苗生産事業に着手した．

まさにこの時代の日本における内水面漁業の転換と新しい方向性を築きあげた湖の一例として全国から注目された[4]．

図7.2　芦之湖漁業協同組合蛭川養魚場養殖池（1993年完成）

その後，バブルがはじけ不況の風が吹き始めた．しかし，この遊漁関連事業は以前から不況知らずと言われ，1994年から1996年の間に遊漁者数も2倍の22万人にまで膨れ上がった．これに伴い，ニジマスの放流量だけでも160t以上という，かつてない大量放流が行われた．しかし長期化した不況の波にはついにその定説も崩れ，1996年のピークを境に毎年遊漁者も減少，5年後の2001年には3分の1近くにまで減少した．

収入の大半を遊漁料収入に依存している組合としては現在，未曾有の経営危機に直面していると言っても過言ではない．また組合員約 210 名の一部には遊漁事業に対応すべく，つり船業や釣宿，民宿，飲食店，釣具店などを経営する者もいるため，今後その影響が心配されている．

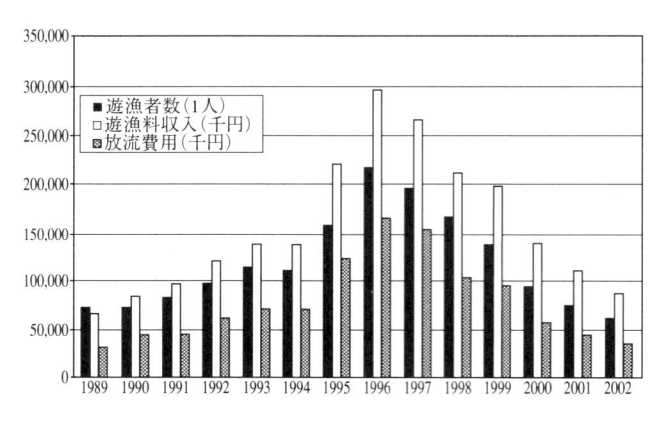

図 7.3　芦ノ湖遊漁者数実績

7.3　近年における漁業権対象魚種の資源管理

このように明治時代から移植放流が行われて試行錯誤の結果，現在では約 20 種類前後の魚類が生息するようになった．しかし，現在漁業権対象魚種のサケ・マス類である，ヒメマス，ニジマス，ブラウントラウトなどの増殖については，自然産卵場所となる流入河川や湖水での産卵適所が無いため自然繁殖は望めず，種苗生産施設からの種苗放流や，他からの移植放流に頼らざるを得ない状況である．

ヒメマスについては中禅寺湖産，十和田湖産，阿寒湖産の受精卵が毎年 5 万粒から多い年で 20 万粒程移植され，組合種苗生産施設にて孵化後育成し，そ

れぞれのサイズごとに何回かに分けて0年魚で湖へ放流されている．1993年から稼働を始めて4年目の1996年から，組合養魚施設の排水口附近で産卵回帰してきたヒメマス親魚が獲れるようになり，芦ノ湖産種卵が毎年僅かではあるが1.5万粒から5万粒程採れるようになった．

　問題点の一つは，この施設の用水（井戸水）の水温が13.5℃とヒメマスの卵の収容には高すぎて，発眼卵からでないと孵化率が著しく低下することがある．今後は，卵の孵化用水を冷却することを考える必要がある．飼育水としては成長が速く，病気も出にくいので問題ないものの，2歳以上の親魚養成には卵巣の成熟がみられず不向きと言えよう．その他，産卵回帰してくる親魚の性比が8割から9割近くが雄で，採卵効率がすこぶる悪いことがあげられる．

　さらに芦ノ湖ではヒメマスの餌料として，橈脚類や枝角類の動物性プランクトンが食べられているが，ワカサギについても同様のため，その資源量によってはどちらかの魚種に影響が出ることがある．このような事例は，他の十和田湖や洞爺湖でも起きていることから，そのバランスを保つことが大切である．

　以上，このようにヒメマス資源を維持するためには多くの問題点がある．今後この資源を維持するためには，湖で自然繁殖しない以上，人工的に種苗を生産し安定した数量の放流が毎年継続されなければならない．また移植卵の確保についても大変不安定になってきており，できれば他所からの移植卵には頼らず，芦ノ湖産の種卵が将来安定的に確保されれば，問題解決の糸口となりうる．

　ニジマスはマス類の中では最も放流量が多い．サイズも5g前後の稚魚から釣魚サイズの200gから500g，更には大型魚の3kgから5kg以上の超大型魚に至るまで遊漁者のニーズに合わせて様々である．そのほとんどが移植放流で，大半の放流魚は稚魚を除いてはすぐに釣獲されてしまうため，湖水で餌をとることがない．それでも生きのびたニジマスは，芦ノ湖での主餌料であるワカサギを飽食し，湖で成長した特有の体型と体色になり釣り人の人気が高い．また，芦ノ湖ではニジマスを狙っての釣り人がもっとも多く，前述のとおり，

遊漁者数に比例して放流量も増減している．移植魚の生産地は近県の山梨県産，静岡県産のものが多いが，稀に大型魚については北海道産のものも含まれている．稚魚の生産については，静岡県産の発眼卵を1回に5万粒ずつ，年3回程，養魚場の空き具合を見ながら収容孵化し，5g前後で放流している．

ニジマスもこの湖では自然繁殖できず，ヒメマス同様に人為的に持続的種苗放流が必要である．その点では稚魚の放流が，系統的選択がしやすく，生存率も高いとされていることから今後も有効な手段と考えられる．

組合としては，成魚の100％を全て他からの移植放流に依存していることからたえずその品質や計量・輸送状態に配慮し，需要に応じて即，対応ができる情報力と安定した生産力をかね備えたパートナーが必要となる．養殖業者には前述の条件を充たし，パートナーとして絶対的な信頼が要求される．

問題点としては，遊漁者の増減により成魚の種苗放流の数量が変わるため，その数量は毎年安定せず他魚種への影響も懸念される．成魚で放流されたものは短期間のうちに釣り上げられてしまうが，放流量によっては残存魚によりそ

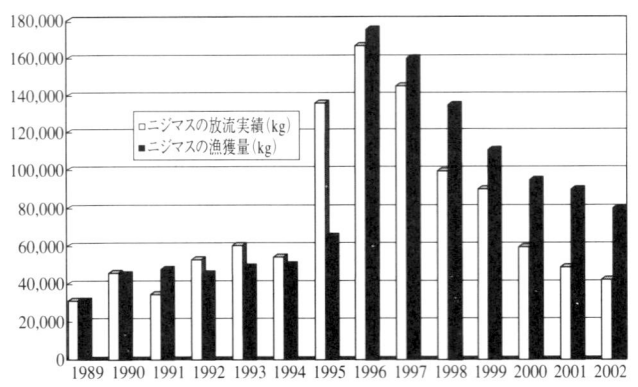

資料：放流実績は芦之湖漁業協同組合業務報告書資料により作成．
　　　漁獲量は内水面漁業生産統計調査資料により作成．

図7.4　芦ノ湖のニジマスの放流と漁獲量（1989〜2002）

の餌料となるワカサギなどに影響が出ることも考えられる．そのため，遊漁者の動向に左右されずに放流量をあるレベルで安定させ，他の魚種間のバランスを持続的に保つような資源管理が今後要求されるであろう．

　ブラウントラウトについては，芦ノ湖のように，この魚種を漁業権魚種にしている漁場はわが国では珍しく中禅寺湖のほか例をみない．この魚は他のマス類に比べ定着性が強く，養殖池の中でもあまり自分の場所から動こうとせず，ニジマスのような群泳は見られない．

　また稚魚の時から過密飼育すると鰭が無くなり，そこから病気に感染し易くなる．成魚になっても各鰭は再生せず，釣魚としての価値が無くなることから，収容密度をニジマスの10分の1ぐらいまで下げて飼育することとなり，非常に生産効率の悪い魚種のひとつといえる．したがって，その出来上がった品質により価値がきまり，価格もそれに伴いまちまちである．平均ではニジマスの1.5～2倍ぐらいで取引されている．

　芦ノ湖では1年魚から3年魚までを飼育し，年間1,500 kgから2,000 kg程度の自家生産を行ない放流している．また解禁当初の釣り大会などでは大型で質の高い魚が求められることから，他養魚場にも依頼し4年から5年魚の大型魚の生産をしている．

　この魚はとくに1年魚までの間，収容密度に絶えず注意をし，背鰭や胸鰭が少しでも白く噛まれたようすが見られたら，ただちに他の池に分養するか湖に放流するようにしている．こうして放流された魚が湖でワカサギを追うようになり，成長が早まり，最近では83 cmを超える記録が出ている．この結果は釣り人からの評価にも端的に表れ，過去のこの魚に対する鰭なし魚の不評を拭い去るものとなった．

　今後の問題点としては，前述のとおり，放流魚の品質保持と，移植種苗の系統を統一化し，他系統との差別化を図る必要がある．それにより，再生産，移植放流魚でも，ある特定化した系統のみの生産と利用が図られる．また，この

魚種はニジマスに比べさらに魚食性が強い．特にワカサギを選食することから，残存する資源量には充分な注意が必要となる．

その他，コイ科のコイ，フナ，ウグイ，オイカワについては，湖水での自然繁殖が行われている．その年の漁獲や資源量の増減に対応し，適量の移植放流や産卵床の造成事業などを実施している．

コイについては，毎年若干の数量であるが20 gから30 g前後の未成魚を150 kg程，移植放流している．芦ノ湖では60 cmから90 cm程に成長したものが多く見られ，稀に100 cmを超える大物が釣上げられる．放流魚はクロゴイ（ヤマトゴイ）とイロゴイ（緋鯉，錦鯉）であり，野鯉といわれた野生種は少なくなってきている．芦ノ湖では5月頃から岸近くに集まり産卵する行動をしばしば見ることができるが，その量の割には湖で産まれた稚魚の姿を見ることが少ない．

これは後述のフナ（ヘラブナ）にも言えることだが，多分そのほとんどが産卵直後に，あるいは孵化してからも食害されているものと思われる．これらの魚を増やすためには藻場や葦の復元による繁殖保護が必要だが，今のところ両種とも資源量は増加しており，逆に放流量を減少させている．今後，他魚種への影響を考え増加した資源を間引くことが必要となる．

遊漁利用だけでなく，漁業利用を考え，食用・加工用・観賞用など，市場の開発にも取り組んでいる．組合では採捕利用できるように定款の一部を変更し，資源の有効利用方法を検討している．

フナについては，以前はギンブナが棲息していたが現在ではほとんどその姿を見ることはない．代わって移植放流されているヘラブナ（ゲンゴロウブナ）が増加している．

1999年までは毎年2,000 kgが大阪府内から移植されてきたが，芦ノ湖での資源量の増加が認められたため，その後は毎年1,000 kgに減らされている．放流時の平均体型は150 g前後であり，この大きさでは食害の心配もなく，歩

止まりも良好である．今のところ，遊漁利用のみであり，今後増えすぎた資源量の調整が必要となるであろう．

ウグイについて，移植放流の経緯は前述したとおりである．これまで毎年10万尾の稚魚が移植放流されてきたが，今度はオイカワが激減したことにより，ウグイが増加してきた．箱根湾を流れる明神川には毎年，産卵期になると，雨により増水した川にウグイの大群が遡上し，瀬付きが見られるようになった．そこで資源調整を図るため，2000年から放流量を今までの半数にあたる5万尾に減量している．

この魚には「*Triborodon hakonensis*」という学名が付けられている．芦ノ湖で採取された標本をもとに命名されたもので，魚類で唯一箱根の名前が付いている．学術的にも，基産地としてこの種を保護すべきであったが，1981年から移植放流が続けられているので遺伝子的均一性は保たれていないであろう．今でこそ，このような理論や調査報告が目に付くようになってきたが，移植が行われた当時としては，種の保護についての考え方が量的な復元や増殖に目がむけられ，質的なものに対する考え方は希薄であったと反省される．

今後この魚種の資源的活用を図るうえで，遊漁対象魚としての利用だけでなく，昔のように地域の特産物としての漁獲利用が望まれる．

オイカワについては，もともと芦ノ湖には棲息していなかった．琵琶湖原産の魚であるが，湖産アユの移植放流により，混入し全国に分布するようになったと言われている．芦ノ湖には1940年にアユが試験放流されているが，その時に混入して自然繁殖し増えたものかは定かでない．1977年から何回かは，稚魚や成魚を僅かであるが移植放流してきた．その他の年については，産卵場の造成事業として湖岸の900 m^2×2ヶ所程度を耕運し，繁殖保護してきた．

1988年頃から芦ノ湖のオイカワにリグラ条虫の寄生が目立つようになり[5]，その後，これが原因で資源量が激減したとされている．近年では2001年から相模川産，2002年は長良川産，栃木県産の稚魚，成魚がそれぞれ移植放流さ

れ，資源量の復活の兆しが見え始めてきた．今後は，ウグイとの相関関係を考え，両種の資源量を安定化する必要がある．

ブラックバスについては，1925年に初めて移植放流されて以来，芦ノ湖で自然繁殖しており，資源的には，ほぼ安定していると言えるが，釣獲による資源量の低下を補う程度の移植放流と，産卵床保護などのために禁漁区を設けるなど，繁殖助長を行ってきた．

表7.2 芦ノ湖におけるオオクチバス放流記録（1989～2002）

年	放流量（kg）	放流数（尾）	移植産地
1989	2,200	9,000	琵琶湖産
1990	2,500	11,050	琵琶湖産
1991	2,500	12,500	琵琶湖産
1992	2,500	5,000	琵琶湖産
1993	320	1,500	茨城県産
1994	270	520	北浦産
1995	1,734	7,082	北浦・霞ヶ浦産・琵琶湖産
1996	2,147	7,820	琵琶湖産・八郎湖産
1997	2,812	25,000	琵琶湖産・大阪産
1998	1,835	8,430	琵琶湖産
1999	1,930	7,490	琵琶湖産
2000	636	3,083	八郎湖・小田原産
2001	1,925	10,910	八郎湖産
2002	1,120	5,600	八郎湖産

資料：芦之湖漁業協同組合業務報告書（1989～2002）資料により作成．

移植放流については現在（2003年）のところ年間2,000 kg程度を目標量としているが，全国の外来魚問題により，天然種苗の入手が困難となり，その数量も補えなくなってきている．過去においては，1972年に再び米国のペンシルバニア州産の稚魚5,200尾が移植放流された経緯がある[6]．その後1976年から山中湖産，稚魚成魚の移植が行われ，1984年頃より琵琶湖産が主流となった．さらに1993年からは北浦産，霞ヶ浦産のものが加わり，2000年からは八郎湖産のものに移り変わっている．

このように天然種苗であるため，各年代によりその産地の変遷が見られる．わが国では，今後益々，外来魚の規制が厳しくなり，その種苗の入手が困難となることが予測される．現在でも漁業権対象魚種として認可されている漁場は，国内では芦ノ湖を含む4ヶ所となっており，それらの需要を全て天然魚のみで補うことはできず，養殖魚を放流している所もある．

　2003年9月からの漁業権切り換えでオオクチバスと名称が変わり漁業権者にはさらに生きたままの持ち出し規制や，自然流失魚が出た場合の問題について事前協議などの担保が認可条件として求められた．このような時代背景によって，この魚の資源量を持続的に維持していくためには，移植放流に頼らず，湖での自然繁殖の保護や助長を今までと同様に行うとともに，芦ノ湖産の自然卵を採取し，若干の稚魚生産による自湖放流も必要となるであろう．

　ワカサギの増殖については1918年に霞ヶ浦産種卵が移植放流されて以来，毎年霞ヶ浦産移植卵の放流が続けられ，1935年頃から芦ノ湖産親魚より自家採卵されるようになった．1951年まで毎年300万粒から1億粒採卵放流してきた．その後，1958年に900万粒の芦ノ湖産卵が孵化放流されたと記録されている．1951年以降1968年まで，実にさまざまな場所から移植され，1927年から1968年にいたる41年間に，芦ノ湖産4億9,066万粒，霞ヶ浦産2億3,540万粒，諏訪湖産3億1,600万粒，河口湖産2億900万粒，小河原沼（湖）産500万粒のあわせて12億5,606万粒，年平均約3,000万粒が孵化放流されていたことになる．

　1971年頃からは放流数も毎年1億粒を越えるようになり種卵産地も河口湖産と諏訪湖産が主となった．1979年ごろからは河口湖に代わって網走湖産や洞爺湖産の種卵が大量移植されるようになり，1985年には11億粒を越えるまでの放流量となった．移入先はその後阿寒湖，十和田湖，琵琶湖が加わったが，主流としては網走湖産と諏訪湖産，更に1982年頃から再開された芦ノ湖産自家採卵分も含めて毎年6億粒から8億粒の種卵の孵化放流が続けられた．

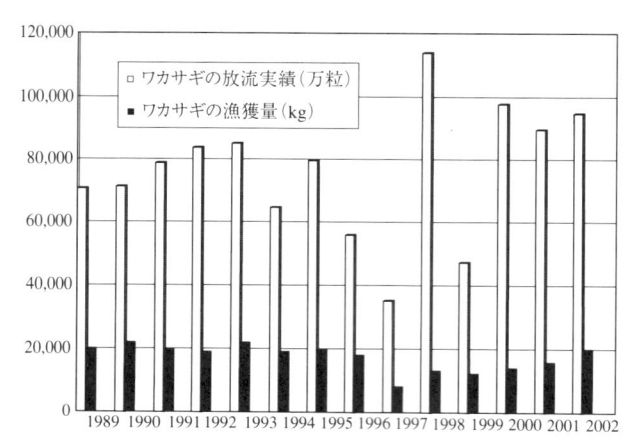

資料：放流実績は芦之湖漁業協同組合業務報告書資料により作成．
漁獲量は内水面漁業生産統計調査資料により作成．

図7.5 芦ノ湖のワカサギの放流量と漁獲量（1989〜2002）

表7.3 芦ノ湖におけるワカサギ放流卵の原産地別変動（1989〜2002）

（単位100万粒）

年	芦ノ湖	網走湖	諏訪湖	洞爺湖	琵琶湖	十和田湖	阿寒湖	合計
1989	100	600	10					710
1990	25		90	600				715
1991	80	300	110	300				790
1992	30	400	109	300				839
1993	45	400	114	295				854
1994	142	400	108					650
1995	33.4	700	68					801.4
1996	8.5	400	105					563.5
1997	3.8	300	50					353.8
1998	1.75	380	170		52.45	6.5	530	1,140.7
1999	150.83	200	58		50.22	18.3		477.35
2000	143.73	400	50	171	215.14			979.87
2001	251.6	400	50	200				901.6
2002	710	200	40					950

資料：芦之湖漁業協同組合業務報告書（1989〜2002）資料により作成．

かつては湖内での自然産卵群が多く，自然繁殖しているものも数多く見られたが，1980年代前半からその資源量が不安定となり，それを補うために移植卵の放流量が増加している．また種卵生産地も年代によりその産地が変遷し，その供給が各生産地においても安定してないことがうかがえる．

　このようなことから自給率を高めるために，最近では自家産種苗による自家採卵技術の開発が進められ，より質の高い受精卵を大量に入手する手法や集約的孵化方法が取り入れられ，ワカサギの人工採卵，孵化，放流方法の確立化が図られてきた．

　なかでも定置網の改良により，成熟親魚がある程度漁獲できるようになってきた．また採卵方法については，全国各地で今まで行われてきた人工搾出法による方法から，新たに水槽内自然産卵法による人工採卵技術を開発し，労力の大幅な省力化を図るとともに，発眼率の高い良質な受精卵を得ることができるようになった[7]．孵化放流方法についても，今まで行われてきたシュロ枠による諏訪湖方式から人工産卵藻（キンラン）を用いた流水式孵化放流方法へと改

図 7.6　芦之湖漁業協同組合蛭川養魚場施設内ワカサギ自然産卵水槽とワカサギ卵の孵化装置（2 億 2 千万粒収容孵化能力）．

良され，さらには受精卵の不粘着処理による孵化器を用いた孵化方法（東海大学海洋学部工藤盛徳氏による特許第2957718号）[8]をもとに開発された高密度孵化装置による集約的孵化放流方法が取り入れられるようになった．この結果，近年その資源量の安定化が図られ移植卵に頼らず，自家産の自給卵のみでその増殖量がまかなえるまで回復した．今後は，孵化仔魚に初期飼料を投与して放流後の初期減耗を軽減する試験など，さらに増殖の効率化を目指した取り組みが検討されている．

　このほか，漁業権対象魚種（2002年まで）以外の魚種についても試験放流などを実施しているのでそのいくつかの例について述べることとする．

　アマゴ，ホンマスについては近年湖沼型で大型になるものが目立ち始め，サツキマスやホンマスと呼ばれて遊漁の対象として人気が高まっている．1985年以前はヤマメの稚魚が放流され，アマゴについては1985年から毎年2,000 kg前後放流されてきたが，あまり効果が得られなかった．2000年まで続けられたが，その後ホンマスの稚魚放流に切り替えられ，毎年5万尾程度の放流が行われている．その結果近年，大型化したホンマスが目立つようになってきてにわかに好評を博している．

　イワナについても1986年から1991年まで500 kgから860 kg前後の僅かな数量であるが放流されてきた．その後放流はされていないが残存したものが大型化し，ときおり釣り人を驚かせている．2003年9月の漁業権免許更新時からは漁業権対象魚種として認定されている．これらの魚種は魚食性が強く，とくにワカサギを好んで食べることから他のマス類同様にワカサギへの影響が懸念される．放流量と残存資源量には十分な注意が必要である．

　コーホサーモン（ギンザケ）については1989年から2000年まで年間1,000 kgから7,000 kgの成魚が試験放流されていたが，そのほとんどが放流後間もなく釣獲され残存するものはほとんど見られなかった．

　この他にも，**ナマズ**や**カワマス**そして餌料生物として**テナガエビ**などもこれ

表 7.4 芦ノ湖における増殖実績 (1989〜2002)

年度	1989		1990		1991		1992		1993		1994		1995	
魚種	(kg)	(尾)	(kg)	(尾)	(kg)	(尾)	(kg)	(尾)	(kg)	(尾)	(kg)	(尾)	(kg)	(尾)
ニジマス	31,250	162,000	45,700	181,200	34,400	123,550	52,775	143,250	60,136	196,640	54,150	199,745	136,025	458,165
ヒメマス	636	411,750	620	140,000	2,662	65,900	2,580	195,200	2,089	40,000	1,310	137,200	2,260	19,147
ヒメマス卵		17万粒		20万粒		20万粒		—		24万粒		16万粒		6万千粒
ブラウントラウト	2,720	77,600	2,550	107,500	3,210	41,350	5,602	7,060	8,675	29,200	13,201	36,955	11,792	24,950
ブラックバス	2,200	9,000	2,500	11,050	2,500	12,500	2,500	5,000	320	1,500	270	520	1,734	7,082
ウグイ	40	100,000	40	100,000	40	100,000	40	100,000	40	100,000	40	100,000	40	100,000
フナ	1,500	10,000	2,000	13,000	2,000	13,000	2,000	13,000	2,000	13,000	2,000	13,000	2,000	13,000
コイ	230	11,500	200	10,000	200	12,000	280	14,000	200	12,000	150	9,000	200	11,600
ワカサギ卵		7億1千万粒		7億1500万粒		7億9千万粒		8億3900万粒		8億5400万粒		6億5000万粒		8億140万粒
オイカワ		1800 m²		1800 m²		1800 m²		1800 m²		1800 m²		1800 m²		1800 m²
イワナ	500	2,000	860	6,000	788	12,350	—	—	—	—	(2,060)	25,750	—	—
アマゴ(ホンマス)	15,500	17,100	2,000	24,000	2,300	28,750	2,000	25,000	2,260	28,250	2,500	14,270	11,300	5,800
ギンザケ	1,000	5,500	2,000	18,500	7,000	30,000	7,000	27,000	3,500	15,000	—	—	—	—
カワマス									980	3,250				

年度	1996		1997		1998		1999		2000		2001		2002	
魚種	(kg)	(尾)	(kg)	(尾)	(kg)	(尾)	(kg)	(尾)	(kg)	(尾)	(kg)	(尾)	(kg)	(尾)
ニジマス	166,300	492,660	144,900	288,940	99,150	352,567	89,663	239,609	59,050	280,120	48,455	277,345	41,972	324,767
ヒメマス	2,548	33,224	2,080	165,930	3,793	200,000	3,957	286,000	2,505	156,000	1,548	49,302	814	24,929
ヒメマス卵		13万千粒		20万粒		30万粒		20万粒		10万粒		2万粒		7万粒
ブラウントラウト	17,193	69,310	13,637	19,145	6,136	7,079	7,314	9,203	2,820	3,025	2,345	3,603	2,180	23,401
ブラックバス	2,147	7,820	2,812	25,000	1,835	8,430	1,930	7,490	636	3,083	1,925	10,910	1,120	5,600
ウグイ	50	100,000	40	100,000	40	100,000	40	100,000	20	50,000	30	50,000	40	50,000
フナ	2,000	12,500	2,000	12,500	2,000	13,300	2,400	14,150	1,000	3,300	1,000	6,660	1,000	6,660
コイ	150	6,660	150	9,100	150	3,500	170	9,300	150	8,280	150	6,000	150	5,200
ワカサギ卵		5億6350万粒		3億5380万粒		11億4070万粒		4億7735万粒		9億7987万粒		9億160万粒		9億5000万粒
オイカワ		1800 m²		1800 m²		1800 m²		1800 m²		1800 m²				
イワナ	—	—	2,300	15,300	—	—	—	—	—	—	3	31,330	18	24,173
アマゴ(ホンマス)	2,500	16,700	—	—	—	—	2,000	13,300	2,000	60,000	500	50,000	0	0
ギンザケ	7,300	13,350	—	—	—	—	2,000	8,000	2,000	10,000	—	—	0	0
カワマス													0	0

資料：内水面漁業生産統計調査 (1989〜2002) 資料により作成.

表7.5　芦ノ湖における魚種別漁獲量（1989〜2002）

年度　魚種	1989年(kg)	1990年(kg)	1991年(kg)	1992年(kg)	1993年(kg)	1994年(kg)	1995年(kg)
ヒメマス	2,000	1,000	1,500	2,800	1,200	14,000	2,500
ニジマス	31,000	45,000	48,000	45,500	49,000	50,000	65,000
ヤマメ	1,200	2,000	2,000	2,600	2,300	2,200	2,000
イワナ	200	800	1,000	1,500	500	—	—
その他サケ・マス類	3,000	3,000	4,000	9,000	11,000	13,000	20,000
ワカサギ	20,000	22,000	20,000	19,000	22,000	19,000	20,000
コイ	3,000	3,000	3,000	2,000	2,000	2,000	2,000
フナ	2,000	2,500	2,500	3,500	3,000	3,200	3,000
ウグイ	500	300	250	200	200	200	200
オイカワ	200	100	50	30	10	10	20
その他の魚類	3,000	4,000	4,000	2,000	4,000	5,500	5,000

年度　魚種	1996年(kg)	1997年(kg)	1998年(kg)	1999年(kg)	2000年(kg)	2001年(kg)	2002年(kg)
ヒメマス	3,000	3,000	2,500	3,000	3,000	3,000	2,800
ニジマス	175,000	160,000	135,000	111,000	95,000	90,000	80,000
ヤマメ	—	2,500	2,500	2,500	2,500	2,500	2,500
イワナ	—	—	—	—	—	—	—
その他サケ・マス類	15,000	15,000	17,000	15,000	15,000	15,000	15,000
ワカサギ	18,000	8,000	13,000	12,000	14,000	16,000	20,000
コイ	2,000	2,000	2,000	2,000	2,000	2,000	2,000
フナ	3,000	3,000	3,000	3,000	3,000	3,000	2,500
ウグイ	200	200	300	300	300	300	300
オイカワ	—	—	—	—	—	—	—
その他の魚類	5,000	5,000	5,000	5,000	5,000	5,000	5,000

資料：内水面漁業生産統計調査（1989〜2002）資料により作成．

までに試験放流されてきたが，カワマスについては自然繁殖しないことから一代限りで絶えてしまった．

7.4　今後の課題について

今，長期化した不景気の波が末端の遊漁者にまで押し寄せ，組合事業の収入

源である遊漁料収入が大幅に激減，増殖計画を遂行することが非常に困難な状態となっている．このようななか，わが組合でなすべきことは何かと考えると，一つとして自然の湖がもっている本来の生産力を利用して養魚・増殖経費のコストダウンを図るため，経費のかかる成魚放流から一部自家生産の稚魚放流への転換，またはヒメマスやワカサギのように芦ノ湖産親魚からの種苗生産による移植購入卵の経費削減など，遊漁者が少ない時だからこそできる方法が検討されるべきである．

　一方，我々にとって，もうひとつ大切なことは湖の環境を守り続けることである．これらの魚たちが棲息できる条件とは紛れも無く，きれいな水とその水を生み出す周りの山々と樹木であり，さらにはそこから生まれてくる良質なる餌と考えられる．我々はその環境を守るためにそれぞれの時代ごとに様々な対策を講じてきた．この30年あまりの間に行われてきた水質浄化対策事業の一例を次に示す．

1. 芦ノ湖周辺公共下水道の早期完成と供用開始についての陳情．
2. 合成洗剤の追放と石鹸使用への切り替え運動．
3. 家庭での食用廃油の回収運動．
4. 芦ノ湖での遊漁におけるヨセ餌，撒餌の使用禁止．
5. 遊漁船業者による湖底の残存釣り具の回収作業．
6. 組合員による芦ノ湖クリーンアップキャンペーンの湖岸大清掃．
7. プラスチックワームなどの合成素材付け餌の使用禁止．
8. ダイバーによる湖底のワームなど釣り具の回収作業．
9. 芦ノ湖で使用されている漁船や遊漁船の船外機について2サイクルから4サイクルエンジンへの交換普及．

　これらを行ってきた基本の理念は，「日々，湖水から恩恵を受けている者が，自ら湖水を汚してはならない」である．それはまさに先人たちの教えであり，今に引き継がれている．彼らが残してくれた貴重な財産と資源を大切に守り育

て，汚すこと無く次代に引き継ぐことが，現代に生きる我々の責務であるとともに，あらゆる機会を通じて，子々孫々に伝えていかなければならない．

文　献

1) 石原龍雄・橘川宗彦・栗本和彦・上妻信夫 (1986)：箱根の魚類，神奈川新聞社，pp.182-205.
2) 松井廣吉・所沢一夫 (1970)：ブラックバス，芦之湖漁業協同組合，pp.101-177.
3) 前田九平 (1929)：蘆之湖及早川と鱒の養殖，神奈川県水産試験場，pp.1-66.
4) 橘川宗彦 (1995)：芦ノ湖の魚と漁業の歴史，かながわの自然，57，pp.25-27.
5) 佐藤　茂・小松勝一・土屋久男 (1990)：芦ノ湖のオイカワ (*Zacco platypus*) に寄生したリグラ条虫について，神奈川淡水試報，26，84-88.
6) 橘川宗彦 (1990)：芦ノ湖におけるブラックバスについて，淡水魚保護，16，pp.129-134.
7) 橘川宗彦・大場基夫・廣瀬一美・廣瀬慶二 (2003)：芦ノ湖におけるワカサギの水槽内自然産卵法による効率的採卵，水産増殖，51，pp.401-405.
8) 工藤盛徳 (1999)：付着卵の孵化方法，日本国特許庁，特許広報第 2957718 号，pp.1-3.

内水面における遊漁の諸問題

丸 山　隆
(東京海洋大学)

モズクガニの罠を回収する小学生．兵庫県竹野川オジン谷

8.1　流域の人々との交流で学んだ自然観

　母方の祖父や叔父が釣り好きだったために，筆者は幼時から釣りを習い覚え，昭和20年代後半から九州各地の川や池沼，用水路，海の自然と親しんできた．

また，昭和40年代には近畿地方，昭和50年代以降は関東地方に活動拠点を移し，釣りや水生生物の野外調査を行いながらほぼ全国の河川や湖沼を歩きまわった．つまり，わが国の自然環境が最も激しい破壊にさらされ続けた昭和期後半という時期を通じて，水域の自然と関わりながら生きてきたことになる．

森林伐採や道路建設，観光開発，宅地開発などが行われるたびに大量の土砂が川に流入し，水域環境の悪化が始まる．続いて，その対策と称して治山堰堤や砂防堰堤，コンクリート護岸などの建設が行われ，水域環境の荒廃にさらに拍車が掛かる．そして，最後は多目的ダムと河口堰の建設でとどめを刺される．このような経過を経て水系全体に人為的環境破壊の手がくまなく及び，川から生命の輝きが失われていく様を嫌になるほど見聞させられたので，自分の非力さやわが国の市民社会の成熟度の低さ，大量消費社会の罪深さを痛感し，暗澹たる思いで水辺を歩いたこともある．

そのような暗澹たる状況の中で，もし多くの識者の方々と面識を得ることができなかったら，今日の私はなかったかもしれない．特に有り難かったのは，各地の職漁師や釣り名人の方々から，囲炉裏端や水辺で含蓄と示唆に富んだ昔語りを聞かせていただいたことである．水生生物の生活習性と自然環境と人々の暮らしの密接な関わりを現場で生の言葉で教えていただくことにより，教科書では学べない生きた勉強ができたことは本当に幸せであった．また，それらの識者の方々のご家族，特に年輩の女性の方々には，風土によって磨き抜かれた人間性のおおらかさと豊かさに満ちた温情を惜しむことなく注いでいただいた．これらの方々との暖かい交流の経験がなければ，流域の人々の気持ちを理解することすらできず，流域の人々の暮らしと水域の自然との永続的な共存の道を探るという現在の私の基本姿勢とは大きく異なる道に迷い込んでいたのではないかと思う．

なお，私が学生時代を過ごした昭和40年代までは，わが国の伝統的な技法を受け継いだ治水・利水施設や，貨物の運搬に使われた川舟と荷揚げのための木

造の桟橋と石垣などが痕跡的に残る川も少なくはなかった．それらの遺跡を目の当たりにしながら，地元の有識者から伝統的な自然観や自然管理思想をご教示いただく恩恵に浴したことも，何ものにも代え難い貴重な経験であった．これらの経験を通じて，わが国の伝統的な地方文化の多様さと水準の高さを体感することによって，私は自らが生きる時代の内包する限界性と潜在的な可能性を改めて実感することができるようになったと考えている．

8.2　江戸期に育まれた自然の利用・管理法 ── 自然との共存

さて，わが国の学校教育の中では歴史教育が重視されているはずだが，その中で江戸期以前の都市の庶民文化が紹介されることはあっても，農山漁村文化が取りあげられることはまず少ないようである．また，TVや映画の時代劇を見ても，黒沢　明監督の「七人の侍」を除けば農山漁村の人々が叡知に満ちた姿で描かれることは希である．悪代官や御用商人などの都市住民によって騙され虐げられ，それでも我慢を続ける純朴さ以外に取り柄のない人々のような紋切り型の描かれかたが普通である．そのために，現在の日本では，江戸期の農山村が多様で水準の高い伝統文化を発達させていた事実すら忘れ去られようとしている．

江戸末期の志士たちを描いた小説や散文を読めば明らかなように，社会改革のために活躍した人々のかなり多くが城下町に住む正規の武士ではなく，農山村に住む郷士や農民身分であった．この事実が示唆するように，当時の農山村は国を支える主力産業である稲作や林業を担う重要な存在であり，人口や人材の豊富さ，知識水準の高さ，経済力，政治力のいずれの面から見ても，むしろ都市部を凌駕していたのである．

最近の若い方々は歴史に関する知識や認識が十分とは言い難い印象があるので，この項の主題の一つであるわが国の伝統的な自然管理体制の背景からまず

ご理解いただこうと考えて，導入部がつい長くなってしまった．私が特に指摘しておきたかったのは，江戸期の農山村は今日からは想像できないほど豊かな人材と経済力と地方文化を備えており，そのことが村落共同体による川の自然の自主管理という独特の伝統を支えていたということである．また，このような個性豊かな地方文化の受け皿として重要な役割を担ったのは，全国各地に点在する城下町と川湊であった．

江戸期の人々は，父祖伝来の土地から離れずに暮らすことが最も望ましいという世界観のもとで生きていた．そのために人口の流動性は著しく乏しく，過去の自然災害に関する情報は家族や村落共同体の内部に豊富に蓄積されていた．また，当時の技術力では自然災害が発生してから被害を防ぐことは極めて難しいことを人々は皆熟知していたので，水源林や河畔林の大規模伐採，川岸に近い傾斜地の開発など，自然災害を誘発しやすい開発行為は厳しく制限されていた．つまり，自然災害の発生を未然に防ぐための予防策に重点が置かれていたことになる．しかし，それでも自然災害は完全には防ぎきれないので，非常事態に備えて利用価値の低い地域ほど堤防をわざと低くするなど，二重三重に安全策を講じることも忘れなかった．つまり，利用価値の低い土地を犠牲にして遊水池の役割を担わせることにより，利用価値の高い地域の被災確率を下げようとしたのである．

以上のように，江戸期の人々は，流域社会全体が自然災害によって受ける被害を最小限に抑えるために，きわめて合理的かつ総合的な視点から様々な工夫をこらしていたのである．当時のわが国の土木技術の水準は特に素材面で欧米に大きく遅れをとっており，使える素材は自然石や土嚢，木材，竹材，シュロ縄などに限られていた．そのために，河川工事は技法と規模の両面で発達が阻害され，自然の猛威を力で抑え込むような事業は実施できなかった．その結果として，前述のような予防重視の自然管理計画が行われ，それを補強する形で要所要所に最小限の人の手を加えて自然の猛威を宥めるような事業が併用され

ることになったのである．もちろん，利根川や木曽三川のように大規模で自然災害の多発する水系については，幕府や藩による管理も行われていた．しかし，それら以外の多くの河川や湖沼の自然資源の利用や管理は，全て流域や沿岸の村落共同体の責任において実施されていたのである．

　一方，江戸期までのわが国の伝統的な自然管理のもう一つの特徴として，河川や湖沼の自然資源が余すところなく利用し尽くされていたことがあげられる．当時の人々にとっての川や湖は，農業用水や生活用水の水源として不可欠の存在であると同時に，魚介類や水生植物，水辺植物などの生物資源を採集する場，あるいは川舟や筏による水運の経路としても極めて重要な価値をもっていた．そのために，一部の人々が水域の自然資源を独占利用することは許されず，流域社会全体にとっての利便を最大にするようなバランスのよい利用のあり方が維持されたのである．

　以上のように，わが国の伝統的な自然資源の利用や管理は，自然を無理に力でねじ伏せることなく，自然と折り合いながら共存しようとする傾向が強かった．しかし，数百年〜数千年といった長期にわたって人々の手が加えられ続けたことにより，人里近くの河川や湖沼の自然は，その水源の山々や丘陵，氾濫原などの自然を含めて，見事に飼い慣らされていった．その過程において，わが国の河川や湖沼の多くは本来の野性味を失い，特に東北地方以南の河川や湖沼の周りの氾濫原や沼沢地は，そのほとんどが水田に姿を変えられてしまった．そのことで氾濫原や沼沢地を住み場や繁殖の場としていた多くの動植物が本拠を失ったはずだが，幸いなことにそこに作られた水田や畑地，用水路は沼沢地や氾濫原に似た環境を備えていた．そのために，かなり多くの動植物が水田や畑地，用水路に依存しながら生き残ることになった．我々が水田地帯に特有の馴染み深い生物相と考えているものは，実はこのようにして生き残った氾濫原の生物相の痕跡とも言うべき存在なのである．

　私がまだ幼かった昭和30年代までは，江戸期の山水画に描かれているよう

な風情ある水辺の風景が全国各地に残されていた．また，水田地帯に特有の生物相も，残されていたと言うよりも蔓延していたと言う方がふさわしいような状態であった．さらに，水辺に住む人々の日常生活にも，江戸期に育まれた地方色豊かな水辺の文化が受け継がれており，人々の暮らしと川や湖の自然が渾然として溶け合った独特の世界が展開されていた．したがって，江戸期のわが国の水辺や水田地帯の風景を想像することは，私の世代にとってはそう難しいことではない．しかし，そのような幼児体験をもたない若い読者にとっては，思い浮かべることすら困難なのではないかと思われる．幸いなことに，現在もアジア各国の水田地帯には人々の暮らしと水域の自然が渾然一体となった伝統社会がまだかなり広く残されている．もし機会があれば，これらの国々を訪問し，目と耳と鼻と足の裏で水辺の暮らしと自然を実体験してみていただきたい．

日本の海辺の原風景

8.3　力づくでの自然資源開発 —— 明治以降

ところで，明治維新後のわが国は，欧米から輸入された近代的な素材や技術を駆使して力づくで自然資源の開発を始めた．水源林や河畔林が大規模に伐採

されれば，山地の保水力や浸食防止機能が失われ，河川や湖沼の環境は一気に悪化し，その影響は内湾や沿岸の海洋環境にも及ぶ．このような人為的環境破壊の急激な進行に歯止めをかけるために漁業被害の発生機構に科学のメスが入れられ始めたのは，実に昭和初期のことである[1]．

しかし，残念なことに，折からの世界大恐慌によって絹織物の輸出量が激減し，内陸部の重要産業であった繊維工場が壊滅的な打撃を被った．その影響で地方に蓄積されていた資本と人材の多くが都市に流出し，都市部と農山村の経済力や政治力が逆転した．また，軍部による政治への介入が年を追って強まったことなどにより，国策批判を含む犬飼氏らの先駆的な仕事は正当な社会的評価を受けることなく握りつぶされてしまった．

このような異常事態が第二次世界大戦中まで続き，戦後も数年にわたって政治的・経済的混乱が続いた．その中で農山村の伝統的な村落共同体の結束力は失われ，自然災害の予防対策を重視するわが国の伝統的な河川や湖沼の利用・管理体制もまた完全に崩壊した．そのような状況下で奥山の水源林が大規模に皆伐され，川岸の傾斜地で農地開発などが進められたが，それに対応して進められるべき防災対策は全く無視された．その結果，戦後は全国各地で大規模な水害や土石流災害が頻発し，戦後の河川行政はその対策に追われることになった．また，戦後の経済復興が軌道に乗った昭和30年代からは，都市人口の急増と近代工業の発展によって水・電力・木材・土地の需要が急増し，公共事業の予算規模も年を追って幾何級数的に増大した．そのために，全国至る所で次から次へと新たな開発事業が実施され，山々や河川の自然は荒廃の一途を辿った．

水源地帯で森林が皆伐されれば，表土が露出して山地の保水力が低下するので，大雨が降れば川は一気に増水し，雨が降らなければ急激に減水するようになる．また，森林の覆いを失った斜面からは大量の土砂が流出し，川の水を濁らせ，谷底を埋める．土砂の一部は川下へ運ばれて川底を押し上げ，盆地や海

岸平野を洪水の危険にさらす．その対策として，川で様々な治山・砂防・治水事業が実施されれば，河川環境は更に致命的な悪影響を被る．

　人の手が加わる前の川は，深い淵と白波の立つ早瀬と滑らかな水面をもつ平瀬が適度に混じり合い，流速・水深・底質の変化に富んだ多様な環境を備えている．しかし，集水域の森林に人の手が加わって土砂の流入量が増えると，淵や大岩が砂礫に埋まって砂礫底の浅瀬や浅いトロばかりが目立つようになる．早瀬は，水底の大岩の表面に生育する微細な藻類の生産の場であり，また藻類を餌として育つ水生昆虫の幼虫の生活の場でもある．その早瀬が衰退して藻類や水生昆虫の生産が低下すれば，それらを餌として利用する川魚の生産も低下せざるを得ない．また，淵や大岩の陰は増水時や越冬時などの魚類の隠れ場として重要な場所なので，それらが失われることも魚類の生息をさらに難しくする．さらに，河川水の濁りが強くなれば川底の砂礫の中に産みつけられた魚の卵は窒息の危険にさらされ，水位の変動が激しくなれば岸辺の浅い緩流部を中心に生活する川魚の稚魚や幼魚は干出や流失の危険にさらされることになる．

　もし，過剰な土砂の流入が一時的なもので終われば，河川の環境はゆっくりと回復しはじめ，数十年もたてば元の姿に戻ることが期待できる．しかし，谷底を埋めた土砂が下流に移動することを防ぐために治山堰堤や砂防堰堤が建設されると，河川環境の復元力は抑制されて最悪の姿のまま半永久的に固定されてしまう．しかも，魚の流れに沿った移動も妨げられる．このような状態に陥った川では，魚は堰堤と堰堤の間に孤立した小集団として閉じこめられるが，激しい増水に見舞われるたびに多くの魚が下流へ押し流され，二度と戻れない．そのために，魚の密度は上流部から希薄になり，小規模な水域では最後は力つきて絶滅に至る．

　一方，湖沼では，児島湖や八郎潟のように大規模な干拓によって湖沼としての機能を失う例もあった．それ以外の湖沼も，湖岸や内湖の埋め立てやコンクリート護岸，湖岸道路の建設などが盛んになり，岸辺の水生植物帯が著しく衰

退した．それに水質汚濁の影響も加わり，多くの湖沼では在来の魚種の繁殖や生育に明らかな悪影響が認められた．

以上のような無定見な開発ラッシュが1975年頃まで続いたことにより，河川や湖沼の生物生産力は急激に低下し，魚介類の資源量の低下や種組成の単調化などとして顕在化した．その結果として漁家経営は破綻し，多くの川や湖から漁業者の姿が消えていった．

治山・砂防や止水用のダムの堰堤によって土砂の供給をたたれて川床一面に岩盤が露出した川．

8.4　進んだ川と湖沼の釣堀化

その後の内水面漁業協同組合の活動は，実質的に地元の遊漁者によって担われることが多くなったが，わが国の法律では自然資源は国民の共有財産ではなく単なる無主物とみなされ，国民が自然を相手に釣りなどを楽しむ権利はどの法律にも明記されていない．そのために，地元の遊漁者は組合や組合員としての立場から開発事業や公共事業のあり方に意見を述べる機会が与えられるのに

対して，地元以外の非組合員の遊漁者は独自の立場から意見を述べる機会すら与えられず，都市の釣り人を中心に不公平感が広がっていった．

　一方，水産行政関係者は，水産資源保護法などに基づいて職務権限を行使すれば開発事業や公共事業を抑制することも不可能ではなかったはずである．だが，河川や湖沼の漁業生産力は海面ほど大きくはなく，工業生産や観光産業に比べれば経済効果は微々たるものに過ぎなかった．そのために，行政機関内部の力関係で発言そのものが抑え込まれてしまうことが多かった．そこで，多くの水産行政関係者は，自らの職務権限内で完結できる人工種苗の生産技術と放流技術の開発などに専念する道を選び，主要魚種については昭和末期までにほぼ技術的な完成をみた．これらの技術開発は，劣悪な環境下でも漁場機能をある程度維持することを可能にし，釣り場の減少に一定の歯止めをかけることに貢献した．それは一種の緊急避難措置に過ぎなかったのだが，折からの釣りブームによって新規加入する遊漁者の数が増え続けていたために，警戒心の乏しい人工種苗を大量に放流する釣り場の人気が高まった．その影響もあり，いつしか種苗放流だけが漁業資源管理の切り札のように神話化された．

　それをさらに決定づけたのは，内水面で第五種共同漁業権の認定を受けるための条件となる「増殖義務」の画一的な解釈が通達されたことである．つまり人工種苗の放流のみに有効性を認め，漁場環境を適正に維持管理して自然再生産を維持する事業についてはその価値をほとんど認めなかったのである．その結果，水産行政は，河川や湖沼とその集水域の自然環境の維持・回復という国民共通の行政課題から遊離し，川や湖沼の「釣り堀化」と揶揄される事業に埋没することになった．それは，内水面の漁場管理を実質的に空洞化させ，水産行政や漁業協同組合を社会から孤立化させる隘路に入り込むことを意味した．

　このようにして川や湖沼の釣り堀化が進む中で，当然のことながら遊漁者の気質も変化し，目の前で川に放された魚を釣ることを不自然とも感じない人々が増えた．このような不自然な釣りを放置すれば，わが国の伝統的な遊漁文化

が崩壊することは間違いない．しかし，わが国の遊漁文化については公認された定義すら存在しないので，これまではこの問題を公式の場で論じることすら難しかった．今回は水産関係の公式の場で遊漁問題について意見を述べる機会を初めて与えられたので，独断を顧みずに忌憚のない意見を言わせて頂くが，人工飼育魚を川や湖に放した直後に釣るような不自然な釣りの愛好者を，一人前の「釣り人」として行政が遇する国は，わが国を除いて世界中どこにも存在しないだろう．つまり，わが国の内水面の水産行政は，常識的には釣り人とは呼べないような人々を行政の主な対象と誤認したまま，事業を進めてきたと言えるのかもしれない．

8.5　内水面漁業が直面する難問

　昭和末期に世界的に自然保護気運がたかまり，わが国でも長良川河口堰問題や白神山地の林道問題，石垣島の空港問題などが社会問題として大きく取りあげられた．そのことで，わが国でも自然資源の開発や公共事業に起因する水域の環境破壊に幾らか歯止めがかかることが期待できるようになった．しかし，まさにその頃から，内水面では冷水病・カワウ・外来魚という新たな3つの難問が顕在化し，内水面の漁場管理は一気に破綻の瀬戸際に立たされることになった．

　冷水病は，遊漁対象魚種以外の魚種の輸入によってわが国にもたらされたもので，侵入原因については遊漁は責任を負う必要はない．問題にするなら，水産行政関係者の新魚種開発指向の強さからまず槍玉にあげるべきであろう．しかし，侵入後の被害水域の急激な拡大については，ダムなどの建設によってアユの自然遡上が困難になった水域などに，琵琶湖産のコアユを毎年野放図に放流しつづけてきたことに原因があることは明白である．恒常的にアユの種苗を放流しなければ漁場機能を維持できないような川にアユの漁業権を与えること

に疑問を呈する声もあるようだが，このような形で漁場機能を末永く維持することが可能だということを前提にダムや堰が建設されたことを忘れては片手落ちであり，河川の自然管理の根本から再考が行われるべきであろう．

カワウは昭和中期には著しく生息数が減少していたのだが，昭和末期には著しく増加して特に首都圏や近畿圏で淡水魚への食害が深刻化した．本種の個体数がこのように急激に増減した原因はまだ特定されていないようだが，恐らく有機リン酸系農薬やPCBによる水質汚染の影響によって抑制されていた繁殖能力が，それらの化学物質の使用禁止や規制の強化によって本来の姿に復活したものと思われる．また，その主要な営巣地が各地の都市公園や琵琶湖の竹生島など特異な場所にほぼ限定されていることから判断して，テンやイタチ，大型猛禽類などの天敵の存在しない樹林の出現によって生息個体数の制御機構が機能できなくなっている可能性が指摘できる．つまり，本種の個体数の増減には遊漁は特に関わっていないものと思われる．

しかし，カワウによる食害の深刻さを調べてみると，長良川や江川の中～下流部のように本来の流量や河川形態が維持されている水域では魚類が徹底的に食い尽くされるような被害は生じていないが，取水によって流量の低下した水域や，ダムや堰，護岸などの影響で淵や早瀬が衰退した水域では致命的な被害があらわれることが分かる．つまり，種苗放流によって辛うじて漁場機能を維持してきたような水域ほど被害が深刻化する傾向があり，ここでも従来の種苗放流一辺倒の漁場管理の根本的な見直しが迫られていることになる．

外来魚として遊漁に関連して特に問題視されているのは，バス類とマス類である．オオクチバスやニジマス，ブラウンマスなどはいずれも遊漁対象種や食用種として古くからわが国に移入され，1960年代までは特に問題視されていなかったのだが，近年になって在来種への悪影響が喧伝されるようになった．その背景の全てをここで論じることはできないが，例えばオオクチバスは1970年代以降に生息水域が急速に拡大しつづけ，北海道を除くほぼ全国の湖

沼や川にごく普通に姿が見られるようになった．それに伴ってタナゴ類やモツゴ類，フナ類，ハゼ類，エビ類などの在来の魚介類の生息数が急激に減少したことから，外来魚問題では常に最重要種扱いされている．本種の急激な分布拡大の原因としては，琵琶湖産のコアユやフナ類の放流種苗への混入などの説もある．しかし，その元をたどれば，誰かが芦ノ湖から持ち出したり国外から取り寄せたりした本種を琵琶湖やフナ類の養殖池などに放したことは間違いなく，何らかの形で遊漁者が分布拡大に一役買っていたことは疑う余地がない．このような無定見な移植事業が遊漁者によって行われるに至った背景に，水産行政が新魚種開発と称して様々な魚介類種苗を全国の河川や湖沼に移植していたことがあると思われ，この事業も含めて早急に種苗放流のあるべき姿が再検討されるべきだと考えている．なお，関東地方以南ではオオクチバスとブルーギルがほぼ同時に現れた水域が多く，セットで放流された可能性が指摘されている．オオクチバスよりもブルーギルによる食害の方が深刻だとする声もあるようだが，オオクチバスのみが生息する水域でも在来種の減少は観察されており，オオクチバス無害論は根拠に乏しいと思われる．また，両種が共存することによってより激しい被害が発生している可能性もあり，相乗作用も含めて詳しく調べる必要がある．

　一方，ニジマスは遊漁対象種として古くから全国の河川や湖沼に放流されていたが，在来種よりも釣獲されやすい性質があるために，遊漁者が釣獲した魚を持ち帰っていた1980年代までは自然繁殖はほとんど見られなかった．しかし，その後遊漁者が自分たちの手で本種を放流するようになり，またキャッチアンドリリースが普及して遊漁者が釣った魚を持ち帰らなくなったために，本種が自然繁殖する河川が増え，北海道では在来種を完全に駆逐してしまう現象も確認されるようになった．また，同様の理由でブラウンマスの自然繁殖水域も増えており，在来種への悪影響が危惧され始めている．

　さらに，一部の在来種も遊漁者によって自主放流が行われており，例えばイ

ワナの在来個体群の保護地にヤマメが移植され，イワナ個体群が悪影響を受けるといった事態も起こっている．このような自主放流ブームの原因の全てが過去の水産行政の移植放流偏重政策にあるとは言い切れないが，早急に何らかの抑止策を講じなければ混乱の度合いは増すばかりであろう．

　また，遊漁行政とは関わりの薄い4つ目の問題として，最近は河床の低下や海岸の浸食が深刻化している．自然保護機運のたかまりや木材輸入量の増大によって森林伐採の頻度が極端に低下し，最近は河川に流入する土砂量は急激に減少している．しかし，治山堰堤や砂防堰堤，ダムなどの建設は現在も引き続いて行われているために，上流からの土砂の供給量が減りすぎて河床がどんどん下がり始めているのである．この現象が始まった直後は，それまで土砂の下に埋まっていた淵や大岩が姿を現すので，魚の生息環境は改善される．しかし，その後は時間の経過とともに淵や早瀬が衰退し，最後は谷底全体に岩盤が露出して環境の多様性の極端に乏しい川となる（141頁写真参照）．その影響は河口を通じて沿岸の海洋環境にも及び，特に大型ダムが古くから建設されている北陸地方などでは砂浜の浸食が顕著になっている．以上のように，わが国の河川環境の人為的破壊は新しい段階を迎えており，その影響でオイカワが衰退してカワムツが増加するなど魚類の種組成にも影響が現れはじめている．このような新しい事態に対応するための対策も急ぐ必要があるだろう．

8.6　新しい遊漁理念を求めて

　そもそも，遊漁の文化的側面を無視して遊漁行政が成立するはずもなく，また水域の自然の維持という枠組みを離れて遊漁が社会的存在意義を主張できるはずもない．これらの基本的なコンセンサスを見失い，国民から遊離・孤立してしまったことが，今日の内水面の遊漁や水産行政の混乱の最大の原因であると私は考えている．この機会に過去の遊漁行政の長所・短所を徹底的に見つめ

銚子市立第一中学校「釣りの科学」の実習

直し，新しい時代にふさわしい指導理念を確立することこそが，遊漁行政に科せられた使命ではないかと考えている．しかし，遊漁行政のみで実行できることは限られているので，江戸期の伝統的な自然管理体制をモデルとしてわが国の自然管理体制全般を見直すことを国民に向かって呼びかけることも不可欠である．わが国の河川や湖沼の自然が急激に損なわれた昭和という激動の時代を生きてきた我々の世代には，過去の自然管理行政の失敗の原因を明らかにし，可及的速やかに対策を講じるとともに，過去の失敗の経験を未来に語り継ぐ使命が科せられているのではないだろうか．昭和30年代の古き良き時代の川や湖の姿を見た経験のある世代がこの役目を果たさなければ，恐らくあの風景は二度と蘇ることはないであろう．

文　献

1) T. Inukai and S. Niship (1937)：A limnological study of Akkeshi Lake with special reference to propagation of the oyster , *J. Faculty Agriculture, Hokkaido Imperial Univ.* 40, pp1-33.
　　上記の犬飼氏らの主張は，柿沼武彦（1999）：森はすべて魚つき林，北斗出版. に紹介されている．

参考資料

中禅寺湖遊漁者へのアンケート調査に記載された釣り自論（重複採用あり）

1997年度

1　中禅寺湖職業漁師が多く，一般の我々遊漁者にはなかなか好釣りが出来ない．（75歳，男性）
2　中禅寺湖の魚は他よりも実に美しい，又体高もある．（55歳，男性）
3　私は魚釣りが好きです．中禅寺湖は国内 No.1 の湖ですが．年々魚，釣り人が少なくなっているように思われます．残念です．釣り人はフライ，キャスティング，トローリングでビッグフィシュを釣りたいと念じております．（ホンマス，ブラウン，ニジマス）釣り人が楽しめる湖にして下さい．（54歳，男性）
4　ゴミは持ち帰り運動も非常識人間には効果無いか．かと言って放置も見にくい．要所要所にゴミ入れを設置したらどうか．（50歳，男性）
5　中禅寺湖の魚を守って行きましょう．ブラックバスなどの外来魚を放さないようにみんなで協力しましょう．（48歳，男性）
6　中禅寺湖は禁漁区が多すぎると思う．せまい所での釣りは何かセコセコとした釣りのような気がします．釣果にはあんまり関係ないような気がします．（48歳，男性）
7　自然の中で自然を大切にしながら釣りを楽しむ．（47歳，男性）
8　①釣り上げた魚は全てリリース　②目的魚は全てトラウト系（マス）の魚種のみ　③ルアー及びフライでの釣り　④漁場はキレイに！ゴミは持ち帰る　⑤河川の汚れが心配です．（45歳，男性）
9　魚を釣っている時間そのものよりも，釣りに出かける準備（針巻きや

仕掛けの点検，竿の手入れなど），現地でのゆったりした一時（昼寝など）を過ごすことが好きです．家族一緒に過ごす湖の釣りは普段の忙しい生活を多少は和ませてくれるような気がしています．また，一人で釣りに行っているときには，それなりの孤独感と充実感を味わっています．（45歳，男性）

10 最近の釣りブームにおけるマナーの悪さ（ゴミの問題，ブラックバスのゲリラ放流など）また漁民たちの利権についての余りにわがままな態度など先は暗い感じがする．（44歳，男性）

11 ボートを湖におろす公営の場所またはボート置き場を早急に造るべきだ．（43歳，男性）

12 釣れても釣れなくても，釣りを通して一日過ごせればよい．（43歳，男性）

13 Bigな魚を狙っているので，小型はなるべくリリースを心掛けている．（43歳，男性）

14 禁漁を10月21日からにしてほしい．9月20日ではまだ水温が高く，釣り納めができない．（41歳，男性）

15 数はつれなくても，1日1尾でいいから大きいマス族を釣りたい．（43歳，男性）

16 他の湖に比べると大変魚のコンディションがよいと思います．そういう魚を釣ることが，中禅寺湖に足を運ばせます．美しい魚を自然の中で釣れれば幸いです．（43歳，男性）

17 天然もしくは天然に近い魚を釣る．芦ノ湖のようなブタマスは釣りたくない．（40歳，男性）

18 サイズによってキープ他，タックル及び作るための道具などのデスカッション．（40歳，男性）

19 長期間釣りを楽しみたい．（37歳，男性）

20 釣った魚は出来るだけ食べる．生態系の維持に大きな興味があり，ブラックバスのいない湖を願っております．（37歳，男性）

21 中禅寺湖以外餌釣りは行わない．（37歳，男性）

22 船釣りの料金を人数ではなく，1船料金にしてほしい．あまりにも高すぎる．1人3100です．（36歳，男性）

23 無用に魚を殺さない（ほとんど放流する）．中禅寺湖には絶対バスはいらないと思う．絶対に駆除してほしい．今後の拡散防止のためにも．（36歳，男性）

24 船釣りの料金を人数ではなく，1船いくらにしてほしい．（35歳，男性）

25 中禅寺湖漁業組合の管理はすばらしいと思います．それにならって，他の湖も管理をかえていく必要があるのではないでしょうか．これだけ釣りブームになっているのに，カナダなどに比べると管理がずさんだと思います．行政面など色々問題はあると思いますが，変革の時期にきているのではないでしょうか？（33歳，男性）

26 ①バブルレスフックを使う ②ゴミは持ち帰る ③バンブーロッドに拘る ④ドライフライオンリー．（32歳，男性）

27 ①自作フライしか使わない．②自作フライで釣れる魚は何でも狙う（ブラックバス，ブルーギル，コイスズキ，ボラ〜マスまで）③特に5〜6月の中禅寺湖は特別で，この2ヶ月は全人生を日光に注ぐ．④普段の釣りは楽しいが，中禅寺湖だけは厳しい．「忍耐」の釣りである．中禅寺湖には私を引きつける不思議な力がある．（32歳，男性）

28 来た時よりきれいにして帰るのが自然を楽しむ人の最低限のマナー．（31歳，男性）

29 昨年中にフライでヒメマスが良く釣れました．（31歳，男性）

30 釣れた数，大きさだけが結果ではない！負け惜しみかな？（30歳，男

性)

31 中禅寺湖の釣りは釣りをすることに意義があり,魚が釣れた,釣れないといったことはあまり関係ないと自分は思う.釣りは心のゆとりです.(29歳,男性)

32 遊漁料を全国的に安くしてほしい.(23歳,男性)

33 岸から釣れる期間は岸からキャスティングでダイレクトに魚とやりあいたい.岸でつれなくなったら船を出す.(?)

1998年度

34 従業員の応対が悪いので注意して下さい.特に釣り券を販売している人.(63歳,男性)

35 昔は釣りの友人が多くいたが,だんだんと年齢がよってきて中禅寺湖の釣りは朝が早いので,体に無理をするので,やめていきます.特に最近はいろいろな規制ばっかりふえて,入漁券も高くなり,支出が多く,そのわりに年間に釣れる魚の数は昔からくらべるととても少なくなってしまいましたが,スポーツフィッシングとわりきって,現在は楽しく釣りをしようとアウトドアー用品を買って,コーヒーをわかしたりして楽しんでおります.(61歳,男性)

36 中禅寺湖は私たちには何と言ってもヒメマス釣りが楽しみです.ぜひヒメマスが昔のように釣れるよう管理の方宜しくお願いします.(57歳,男性)

37 中禅寺湖に関しては情報収集に限る.釣った魚はなるべくリリースしてあげる.写真はとっておく.(55歳,男性)

38 このところ朝一番(時間的には40〜50分)ぐらいの内に当たりはあ

るものの食いが悪く釣果はいまいちである．例年ならば 40 cm オーバーのホンマスが釣れてもいいと思うが，なぜか今年は釣れない．（52 歳，男性）

39　①釣ることの楽しさ　②自然の中で四季おりおりの良さを満喫　③食の楽しみ　④気分転換（リフレッシュ）　⑤仲間との交流を得るところ大であり，今後もマナーを守りながら続けていく．（52 歳，男性）

40　今回はホンマスのみでしたが，私自身納得のいく釣りになりました．朝一尾は 50 cm，40，35 cm やはり大きな魚が一番に釣れ，だんだんと小さくなりました．（52 歳，男性）

41　私はトローリングが好きです．時間的にも中禅寺湖が一番．中禅寺湖にはもう 16 年間になります．1 年平均今まで 20 回位釣行しています．この釣りは奥が深いです．特にレッドコアが好きです．（52 歳，男性）

42　今年の釣りも最後になりました．釣りよりも仲間との釣り談義に花が咲いたようです．又，来年も宜しくと，思い思いに家路に帰ってゆきました．（52 歳，男性）

43　私はいつも中禅寺湖です．一番の釣りはトローリングです．釣れても，釣れなくてもストレス解消できます．これからも続けることが一番です（自然の中で）．（51 歳，男性）

44　基本に徹すること．（50歳，男性）

45　今回もまた，アプローチでの林道にてゴミの多さにおどろきました．日本人の特性（悪い）でしょうか．街中以上の汚れに憂いております．種々のストレスを釣りという遊びで捨てにきていますが，なお一層ストレスが貯まってしまいそうです．FFB　鱒喜．（49 歳，男性）

46　場所を見極めること．（48歳，男性）

47　①もっとルアー優先の魚を放流して貰いたい　②船の入漁料が高すぎる　どういう考えで設定したのかお聞きしたいです．もと手軽に遊べる

湖にしてほしい．（47歳，男性）

48 1匹の出会い，またそのプロセスを大切にしたいと考えている．（46歳，男性）

49 ブラックバスのゲリラ放流用の魚を売っている所を探せないだろうか．（45歳，男性）

50 釣りはスポーツであり，魚との知恵比べ．エサを使うのはルール違反，フェアな勝負ではない．職業漁師は少ないと思うが，なぜ網でとらない．天然に近いマス類は現在非常に貴重であり，中禅寺湖で釣りを出来ること自体が幸福の極みで，後世にこの湖を残すことは釣りを愛する者，中禅寺湖で釣りをする者の義務であると思う．Flyで釣ることはとても難しく，だから釣れた時の喜びは大きい．今年も中禅寺湖で釣りが出来ることに感謝しています．（44歳，男性）

51 ①釣り場を汚さないこと ②他の釣り人に迷惑をかけないこと ③無理をしないこと．（42）

52 中禅寺湖についての不満 ①ゴミ捨て禁止の徹底したPR不足 ②南側（八丁出島側）の駐車スペース不足 ③本日釣れたニジマスが非常にきたない（尾鰭無し） ④エサ釣り禁止！，マキエ禁止にして魚減少歯止め ⑤釣れない湖→釣れる湖への改善努力を希望 ⑥自動券売機の設置（24H購入できるように） ⑦エサ釣りは専用エリアを設け，管理徹底する（マナーの悪い人には厳罰を）．（41歳，男性）

53 1970年頃の中禅寺湖はヒメマス，ホンマスとも数が5～10倍くらいいたようだ．10～20匹くらいは釣れた．1994年のヒメは小物ばかり10匹程度つれた．1995，96，97と良くない．レイクトラウトが増えていると思う．レイクトラウトにマスの子が食べられている数が増えていると思う．10年前にはレイクトラウトはめずらしかった．1990年頃は水草が多かったが，今は非常に少ない．（41歳，男性）

54 魚を育てる必要あり，全てキャッチ＆リリースの必要はないが，尾数，大きさなどの制限をつけ，釣っただけ持ち帰るのは時代遅れ．(41歳，男性)

55 食べないのに釣るべからず（食用にする魚のみ）．(40歳，男性)

56 今日はずっと雨でした．先週はかなりレイクトラウトが釣れていたようで，1人が20匹釣った情報が入り今日も良ければと思ったのですが，あまり釣果があがらずさみしかったです．でも今日はホンマスの大きいのが釣れました．私は毎週でているルアー＆フライニュースという釣新聞のAPCです．ぜひ読んで下さい．(39歳，男性)（この方はカワセミ倶楽部という釣り愛好家の会を主宰している）ホームページ http://www2.wind.co.jo/kawasemi/ E-mail kawasemi@mail.wind.co.jp

57 河川を中心に釣りをしています．どこでも釣れるサイズが小さく感じます．キャッチ＆リリース区間を河川に設けるなどして，大きな魚を釣ってみたい．又，釣りをする人は全般的にマナーが悪く思う．ゴミは捨ててあるし，人が釣りをしている所に入ってきたり，マナーが無い．なんとかならないものでしょうか？ 中禅寺湖に関しては，放流尾数の割には魚が釣れない．本当に放流しているのか疑問に思います．漁協の発表している数は嘘の数に思えてなりません．もっと釣れる湖になれば年1回とはいわず，何回でもいってみたい．解禁日以外はいついってもあまり釣れません．又解禁の6時スタートは以前のように戻して下さい．(38歳，男性)

58 ヒメマス以外はキャッチ アンド リリースが基本．(38歳，男性)

59 中禅寺湖の魅力にとりつかれて14年になります．年間の釣行は平均2～3回ですが，延べ日数で35日行きました．しかし大物と言える魚には出会っていません．今までブラウン，レイク，ニジマス，ホンマスは40cm後半までしか釣ったことがありませんが，いつかきっと70～80

cmといった大物一発を信じて通うつもりです．という訳で中型魚のリリースを実行しています．ヒメマスファン以外の釣り人のこともご理解頂きたいと思います．（37歳，男性）

60　釣り場をきれいに，キャッチ&リリースを基本に釣りをしています．（36歳，男性）

61　美しい湖で美しいトラウトを老後になっても釣りたい．（35歳，男性）

62　今回は全く釣れませんでした→（よくあることですが），まったく釣れないと足は遠のきます．つまり入漁料収入も無くなり，魚もいなくなる．その点で適切な資源確保のためにも入漁人数（1日当たり）定員制（予約制）を導入して欲しい．（35歳，男性）

63　放流数をふやすのでなく，持ち帰りの尾数制限を徹底して，できる限りオール，リリースの方向にして欲しい．ネイティブの魚を釣りたい．釣り券購入の徹底，現場売りの値段を現在よりも高く，2倍～3倍，ペナルティの意味で10倍くらいにしてもよいと思う．（32歳，男性）

64　よく釣り方にこだわる人がいるが（フライだけとか，ルアーだけとかなど），自分は釣り方にはこだわらない．又釣りの服装や道具にも一流品にこだわったりする人がいるが，自分はそれもない．中禅寺湖のスモールバス問題はどうなったのか心配．噂によれば茨城の釣り道具屋が放流したとか．これからは大きなペナルティも必要だと思う．（32歳，男性）

65　陸釣り用年券がぜひほしい．水質がだんだん悪くなっているので，前のようなキレイな水になってほしい．（32歳，男性）

66　今回の釣りは最悪だった．船釣りはかなり釣れたようだが，陸釣りはさっぱりだった．岸辺に小魚の姿さえ見られず，国道沿いで上げている人はまれだった．解禁日にこんな状況では岸で釣る人は離れていくだろう．生態系がおかしいのではないか．次はボートで釣りたい．（31歳，

男性）

67 中禅寺湖の解禁日は船釣りと陸釣りをずらすべきだ．たとえば陸釣り4月10日にして，船釣りは4月20日にするとか，陸釣りは日の出から，船釣りはAM6:00とか．一緒に始まるので，ボートのすさまじい音で魚がみんな逃げってしまった．怒っています．（31歳，女性）

68 釣れない湖といわれていますが，ボートや餌釣りの人たちは沢山釣っています．（30歳，男性）

69 今日解禁にきて放流マスしか釣れなかった．できれば中禅寺湖は釣れなくてもきれいな魚だけでいてほしい湖であって欲しい．放流マスもきたなすぎる．（30歳，男性）

70 中禅寺湖はいつまでもきれいな湖であってほしい．しかし水が年々きたなくなってきている．（30歳，男性）

71 ①有名ポイントに魚がいる　②釣り場のマナーを守る　③信じることが大事．（29歳，男性）

72 ルアーでの釣りを主にしています．種の保存についてもルアー，フライ，エサの順に有効であると言われています．それなりの大きさの元気な魚しかルアーで釣れません．釣果はあまり期待できませんが，すばらしい魚とのファイトを楽しめるのはルアーが一番だと思います．（28歳，男性）

73 釣りは大変楽しい．（28歳，男性）

74 私はフライでの釣りが好きで楽しんでいるが，最近よく思うことは，数や大きさにこだわるよりも，如何にして自分の思った通りに魚を釣ることができるかということにこだわった方がずっと面白いし，楽しいということです．中禅寺湖ではより天然の魚に近い状態の魚を釣れるよう望んでいます．（27歳，男性）

75 ①売っているルアーで釣る楽しみより，釣れる様を想像しながら作っ

たルアー（自作）で釣る楽しみを味わいたい　②最近「魚探」を使った釣りが増えてきたが，そもそもその行為は釣りの楽しみを無にしている．魚の居場所を探す楽しみも釣りの内．(26歳，男性)

76　湖の釣りについてはいろいろ研究中です．(26歳，男性)

77　私はパチンコが好きだが魚が釣れた時の喜びはパチンコで大フィーバーしている時よりもとても幸せな気持ちになる．話は少しかわりますが，私は自営業をしており，裕福な生活をしている人や元々お金を持っている人などには日常の生活でひけをとっているような気がする時があります．自然界はみんなに平等だと思います．おかしな話になりましたが．私は釣りが大好きです．(26歳，男性)

78　魚を釣ったことが少ないので，あまりよく分からないけど，景色をみながらのんびりできて，中禅寺湖はとてもきもち良かった．(19歳，女性)

79　釣り道具を自分で作り，それを使うのが楽しみで釣りをしています．(？)

80　なるべく自然に近い魚を釣りたいと思っています．日本の川や湖で保護が必要であればキャッチ＆リリースを行った方がよいと思う．人数制限なども考えた方がよい．(？)

索　引

〈あ 行〉

IHN 症　116
アウトドアースポーツ　14
アオウオ　64, 77, 97
アオウミガメ　77
赤潮現象　111
アカヒレタビラ　103
アカムシ　95
アグリビジネス戦略　94
芦ノ湖　109
葦場　77
アナベナ　97
アマゴ　34, 117, 128
アマゾン水系　69
網生簀養殖　97
アメリカザリガニ　77
アユ　73
筏釣り　68
イケチョウガイ　100
イシガイ　99, 100
イシガキダイ　73
イソジン　44
イタチ　144
遺伝子的均一性　123
イワナ　34, 112
ウキゴリ　112
ウグイ　73
ウシガエル　77

ウナギ　89
うなぎ鎌　89
餌釣り　115
エビ釣り堀　65
えび引網　89
F. A.　26
エリアフィッシング　26
オイカワ　73
大型猛禽類　144
大型量販店　20
オオタナゴ　103
大ナマズ　57
置きバリ　94
押網　89
おだ漁業　95

〈か 行〉

橈脚類　119
海跡湖　85
回遊魚　34
外来種　77
河口堰　134
カサゴ　73
霞ヶ浦　94
河川型　26
河川釣り堀タイプ　26
カネヒラ　103
河畔林　136

カムルチー	60, 94	サケ・マス養殖	22
カラスガイ	89, 100	刺網	89
カワウ	76	サツキマス	128
川魚	140	さで網	89
環境省	71	サバヒー	66
観光開発	134	砂防堰堤	134
観光地産業	13	サワイ	68
韓国マブナ	61	産床	42
完全累代飼育	20	残存釣り具	131
カンツリ	26	サンダー	57
管理釣り場	58	産卵床	99
岸釣り	6	残留性汚染物質	80
キャッチアンドイート	51	COD	87
キャッチアンドリリース	27, 51	飼育養殖技術	20
キャットフィッシュ	27	枝角類	119
九州ヤマメを守る会	38	自家生産	121
漁業権	26	直撒き	42
漁場クリーンアップ事業	74	自主放流	34
魚巣	95	自浄能力	87
ギンザケ	117	止水型	26
ギンブナ	89	自然管理体制	135
クロソイ	73	自然生物学習	31
クロダイ	66, 67	自然体験	55
系統的選択	120	持続的種苗放流	120
ゲンゴロウブナ	89	湿地帯	77
コアユ	143	ジャイアントカープ	68
コイヘルペス	91	集約的孵化放流	128
抗生物質	80	収容密度	121
高密度孵化装置	128	種苗	10
護岸コンクリート	77	シュロ縄	136
児島湖	140	シュロ枠	127
固有種	77	食害	122
コンクリート護岸	134	植物帯	77
混合池	66	植物プランクトン（アオコ）	87
		シラウオ	97
〈さ 行〉		人工産卵藻	127
在来種	77	森林伐採	134, 146

水域環境　　134
水銀　　80
水源林　　136
水産資源保護法　　142
水質汚染　　144
水生菌　　41
水生昆虫　　140
水槽内自然産卵法　　127
スズキ　　66
すだて　　89
ストライプトバス　　27
生息密度　　102
生存率　　120
生物生態系の保全　　72
生物多様性条約　　105
生物の多様性の保存　　72
青流会　　38
積算温度　　37
石斑　　66
ゼニタナゴ　　103
全日本磯釣り連盟　　35
全日本釣り団体協議会　　35
雑木林　　77
ソウギョ　　57, 64, 77
ぞうきんマス　　30
総合的学習　　55
総合レジャー　　27
藻類　　140
ゾーニング　　72
ソガリ　　60

〈た　行〉

ダイオキシン　　80
第五種共同漁業権　　142
タイリクバラタナゴ　　78
宅地開発　　134
タナゴ　　103

タナゴ類　　94
WFW（世界釣り連盟）　　75
多目的ダム　　134
竹材　　136
治山堰堤　　134
治水・利水施設　　134
チッ素　　87
中国ブナ　　61
中禅寺湖　　1, 4
筒　　89
釣　　89
釣り味　　61
釣り糸　　94
ティラピア　　27
手賀沼　　85
適正放流量　　17
デトリタス　　97
テナガエビ　　89
テラピア　　64
テン　　144
天然渓流タイプ　　26
投網　　89
東京渓流釣人倶楽部　　38
東京都釣魚連合会（都釣連）　　35
動物性プランクトン　　119
道路建設　　134
ドジョウ　　89
土壌　　136
ドブガイ　　99
トモ釣り　　34
トラウト　　26
ドラド　　69
捕る漁業　　80
トレーサビリティー　　80
トロ　　140

〈な 行〉

内水面養殖業　31
長袋網　89
ニゴイ　57, 94
ニジマス　73, 77
日本渓魚会　38
日本渓流釣連盟　35
日本バス協会　35
日本ヘラブナ釣り研究会（ヘラ研）　35
ヌマエビ　89
根魚　34
農薬　80
農林水産省　71

〈は 行〉

パーチ　57
バーブレスフック　27
パイク　57
バイバード・ボックス　36
ハイブリッド　61
ハウス釣り堀　61
延縄　89, 94
パクー　64
バグレー　70
ハクレン　97
ハス　89
バス　57
ハゼ類　97
八郎潟　140
発眼卵　10
バッサー　98
早瀬　140
張網　89
パンタナール水系　69
ハンドラインフィッシング　67
パンフィッシュ　56
PCB　144

ヒガイ　103
ヒメトロ　6
ヒメマス　1, 117
氷上フナ釣り　61
氷上ワカサギ釣り　61
ピラニア　69
ヒラメ　73
ピラルク　69
富栄養　97
富栄養化　87
富栄養湖　105
孵化槽水温　37
孵化率　38
淵　140
フナ　57
船釣り　6
船曳網　89
不法移植　72
フライ　6
ブラウントラウト　115
プラスチックワーム　131
ブラックバス　26
ブリーム　57
分養　121
ペスキパギ　69
ペヘレイ　77, 100
ヘラブナ釣り　34
放流種苗　10
捕食圧　105
ボラ　103
ホルモン剤投与　80
ホンマス　128

〈ま 行〉

撒餌　131
マシジミ　99
マダイ　66

マブナ	61	
ミクロキスチス	97	
水辺環境	53	
無酸素水塊	111	
メジナ	73	
メバル	73	
木材	136	
モツゴ	89	
文部科学省	71	

〈や　行〉

ヤマメ	34	
ヤリタナゴ	103	
有害鳥獣	76	
遊漁	1	
遊漁行政	147	
遊漁券	5	
遊漁文化	142	
遊漁料収入	1	
有機リン酸系農薬	144	
湧水源	87	
ヨシノボリ	112	
ヨセ餌	131	

四手網	89	

〈ら　行〉

ライギョ	77	
ライセンス	58	
藍藻類	97	
ランバリ	69	
陸封型	36, 38	
リグラ条虫	123	
流域の生態系	30	
リン	87	
ルアー	6, 26, 94	
冷水病	143	
レンギョ	77	
ローチ	57	
ロッド	26	

〈わ　行〉

ワーム	94	
ワカサギ	89	
ワカサギ刺網	114	
ワタカ	89	

遊漁問題を問う

2005年3月10日　初版発行

編　者　日本水産学会
　　　　水産増殖懇話会
発行者　佐　竹　久　男

発行所　株式会社 恒星社厚生閣

〒160-0008　東京都新宿区三栄町8
TEL 03-3359-7371　FAX 03-3359-7375
http://www.kouseisha.com/

（定価はカバーに表示）

印刷：協友社　製本：風林社
本文組版：恒星社厚生閣制作部
Ⓒ日本水産学会水産増殖懇話会
ISBN4-7699-1011-8　C1062

好評発売中

川と湖沼の侵略者ブラックバス
その生物学と生態系への影響

日本魚類学会　自然保護委員会　編

国内の河川・湖沼生態系に大きな影響を与えている外来魚オオクチバスの研究成果を基礎に，生物学的特性と分布の現状を正確に把握し，それらが自然生態系や魚類をはじめとする在来水生生物にいかなる影響を与えているかを科学的に究明。生物多様性保全という観点からブラックバス問題解決への道を探る。

A5判・160頁・定価（本体2,500円＋税）

黒装束の侵入者 外来付着性二枚貝の最新学

日本付着生物学会　編　梶原　武・奥谷喬司　監修

異常な繁殖力を有し奇妙な色をしたイガイは，30年間で我が国沿岸を占有，船舶・養殖施設等に甚大な被害を与えている汚損生物である。本書はこのイガイの分類法，日本への侵入と定着過程，DNA鑑定による系統解析などを奥谷喬司・栗原康裕・植田育男・木村妙子・中井敦樹・井上広滋・渡部終五氏が解説。

A5判・132頁・定価（本体2,300円＋税）

魚介類の感染症・寄生虫病
江草周三監修　若林久嗣・室賀清邦編

増養殖の進展は集約・量産化の道をたどり，感染・寄生虫症などの被害を生む。この対策の基礎をなす学理と技術を整理。序論（若林久嗣）ウイルス病（吉水守・福田穎穂・室賀清邦）細菌病（室賀・若林）真菌病（畑井喜司雄）原虫病（小川一夫・良永知義）粘液胞子虫病（横山博）単生虫病・大型寄生虫病（小川）。

B5判・480頁・定価（本体12,500円＋税）

養殖・蓄養システムと水管理
矢田貞美　編著

A5判・250頁・定価（本体4,300円＋税）
養殖・蓄養では魚肉質の低下を防ぐことが重要だ。本書は実用的な養蓄システムおよび水管理技術を，現場を熟知した第一線の専門家が紹介する。

水産動物の性と行動生態
中園明信　編

A5判・138頁・定価（本体2,600円＋税）
生き残りをかけ自己の子孫をより多く残すための驚くべき水産動物の行動生態。なかでも性転換・異性選択などを桑村哲生・山平寿智氏らが紹介。

恒星社厚生閣